ENCYCLOPEDIA
FOR
CHILDREN

中国少儿百科知识全书

—— ENCYCLOPEDIA FOR CHILDREN ——

中 国 少 儿 百 科 知 识 全 书

地球的故事

46亿年的奇迹

张　帅 / 著

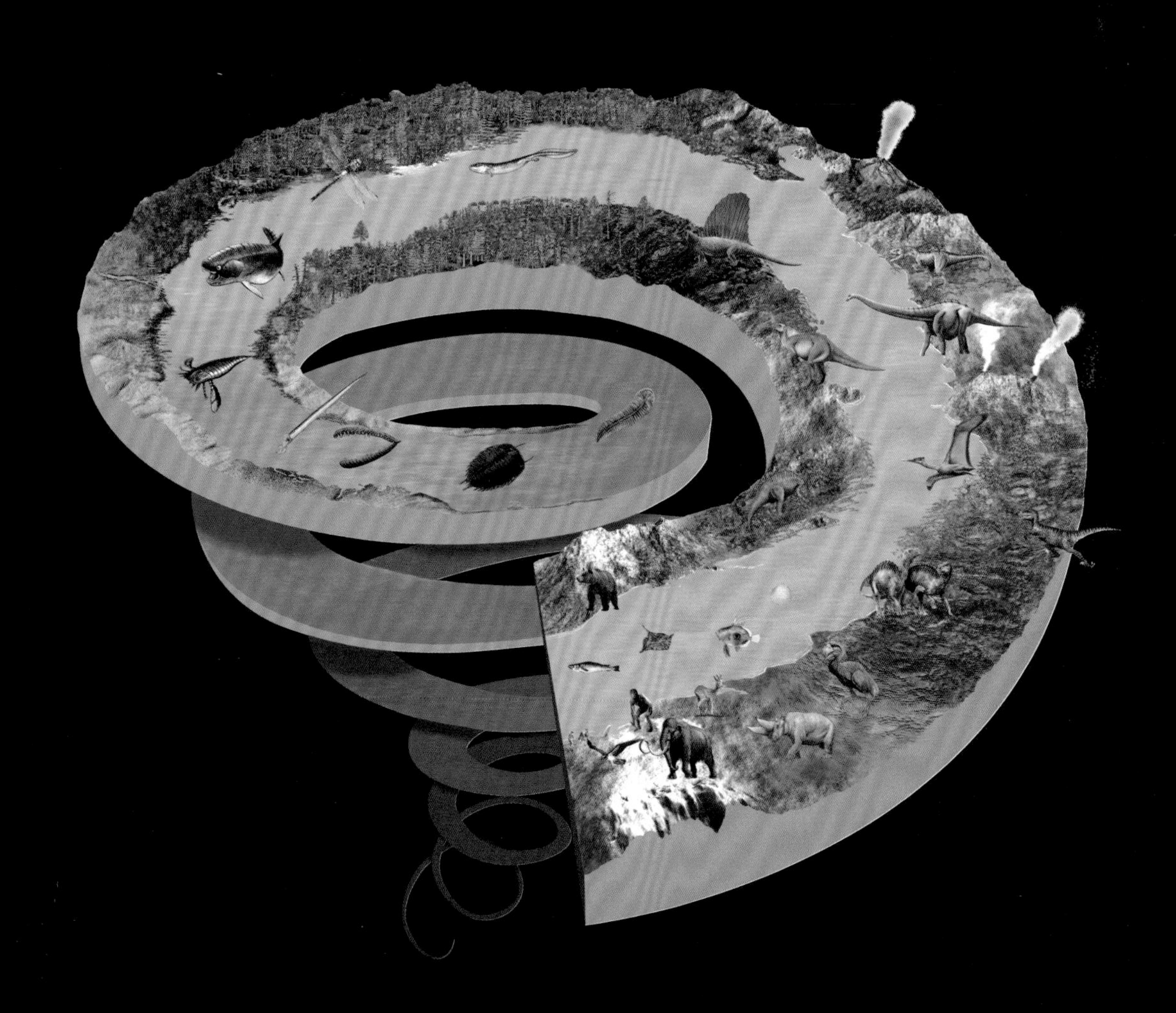

少年儿童出版社

目　录

ENCYCLOPEDIA
FOR
CHILDREN

欢迎来到地球

46 亿年间，地球如何从一颗炽热的岩浆球变成一颗生机勃勃的蓝色星球？这一切的答案，都要从地球的诞生说起……

前寒武纪

从 46 亿到 5.41 亿年前，前寒武纪占了整个地质时期的近 90%。虽然地球的开篇糟糕透顶，但在这段漫长的时间里，生命的演化已经开始……

古生代

古生代（距今 5.41 亿—2.52 亿年）是“古老生命的时代”。大灭绝事件一次次将数不清的物种从地球上抹去，但新的物种很快就会占领新的生态位，生命的演化就这样滚滚向前……

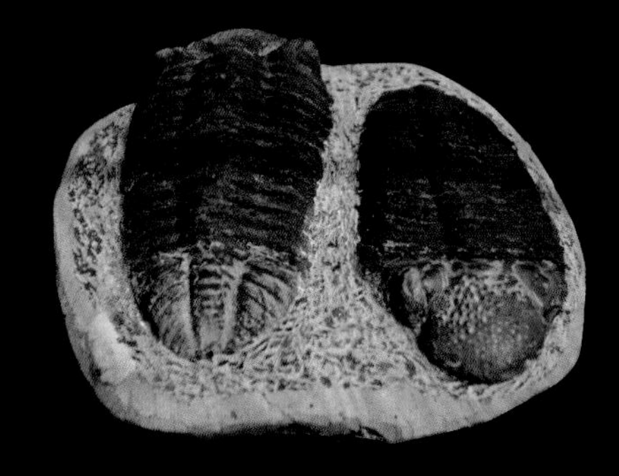

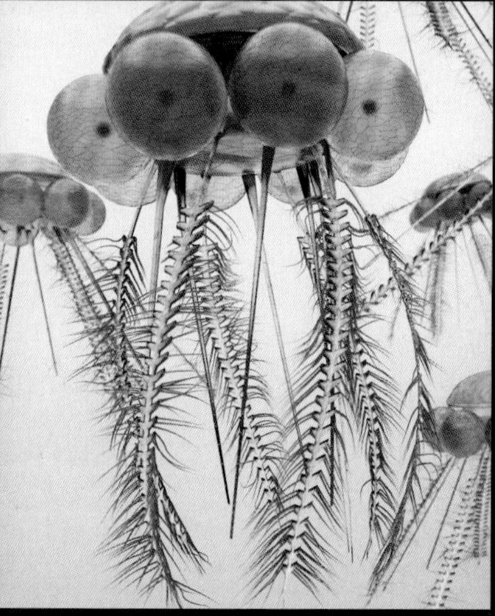

中生代

中生代（距今 2.52 亿—6 600 万年）是“生命演化的中间时代”。最惨烈的二叠纪大灭绝过后，恐龙出现、繁盛并一度统治地球。

新生代

新生代（距今 6 600 万年至今）是“生命演化的全新时代”。恐龙灭绝后，哺乳动物迅速崛起。灵长类练就一身本能，开启了辉煌的“人类时代”。

地球的未来

地球不会永远维持现状，正如炽热的冥古宙也只持续了 6 亿年。50 亿年之后，太阳膨胀为一颗红巨星，濒临死亡的它会将地球“吃”掉。

附　录

从尘埃到地球

在古老的宇宙中，一颗巨大的恒星十分耀眼，在经历了相对短暂的一生后它便爆发死去。爆发时，它的尘埃物质四处飞散，抛洒到无垠的宇宙中，变成了一团巨大的星云。这团星云极其稀薄，均匀地弥漫在群星之间，就好像一片平静的湖泊，似乎要永远沉寂下去……

星云坍缩

群星之中还有许多垂死的恒星。突然有一天，在一阵剧烈的爆发中，又一颗恒星死亡了。爆发驱动着接近光速的喷流撞进稀薄的星云之中，就好像往平静的湖面投入石子，所过之处，物质不再均匀，星云不再沉寂。

经过一番折腾，星云的中心冒出了一个“团块”，由于密度高，它的引力也很大，足以吸引周围的气体和尘埃。在引力的作用下，“团块”变得越来越大，越来越重，从而可以吸引更多的物质。渐渐地，整个星云变成了一个致密的气体旋涡。这就是星云的“坍缩”。

婴儿太阳

气体旋涡越来越致密，引力也越来越大，它的中心被挤压成一个致密无比的“大氢气球”，这里的压力大到难以想象。

经过一段地狱般的煎熬，“大氢气球”里的氢原子核终于不堪重负，聚合在一起，形成了氦原子核。由此，“大氢气球”内的核聚变被“点燃”了。核聚变释放出大量的光和热，星云的温度越来越高，压力越来越大，核聚变越来越剧烈，产生的辐射也越来越多……就这样，在星云的中心，“婴儿太阳”诞生了！

知识加油站

刚诞生的“婴儿太阳”非常不稳定：巨大的引力让它不断收缩，核聚变使内核温度升高，又让它不断膨胀。经过一番较量，收缩与膨胀的两股力量打成平手，太阳终于拥有了稳定的模样。

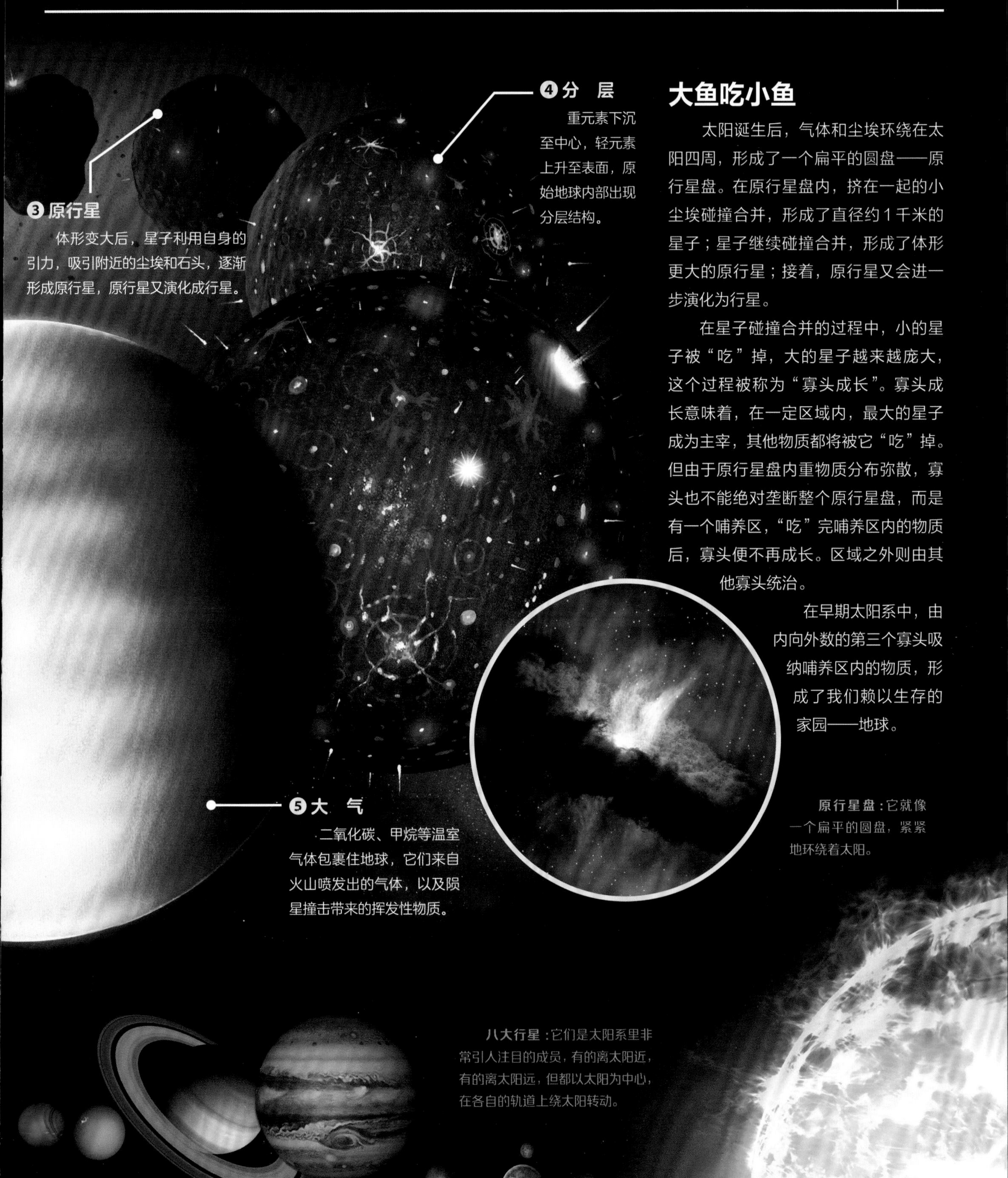

大鱼吃小鱼

太阳诞生后，气体和尘埃环绕在太阳四周，形成了一个扁平的圆盘——原行星盘。在原行星盘内，挤在一起的小尘埃碰撞合并，形成了直径约 1 千米的星子；星子继续碰撞合并，形成了体形更大的原行星；接着，原行星又会进一步演化为行星。

在星子碰撞合并的过程中，小的星子被“吃”掉，大的星子越来越庞大，这个过程被称为“寡头成长”。寡头成长意味着，在一定区域内，最大的星子成为主宰，其他物质都将被它“吃”掉。但由于原行星盘内重物质分布弥散，寡头也不能绝对垄断整个原行星盘，而是有一个哺养区，“吃”完哺养区内的物质后，寡头便不再成长。区域之外则由其他寡头统治。

在早期太阳系中，由内向外数的第三个寡头吸纳哺养区内的物质，形成了我们赖以生存的家园——地球。

原行星盘：它就像一个扁平的圆盘，紧紧地环绕着太阳。

八大行星：它们是太阳系里非常引人注目的成员，有的离太阳近，有的离太阳远，但都以太阳为中心，在各自的轨道上绕太阳转动。

冥古宙，从冥府中来

我们将地球形成之初到 40 亿年前的这一段时期称为冥古宙，它是目前已知的地球最古老的时期。冥古宙的英文“Hadean”来源于“Hades”，也就是希腊神话中的“冥王”哈得斯，意为“冥府”。

砰，月球诞生

大约 46 亿年前，地球终于形成。不过，第三区域“霸主”的宝座还未坐稳，它便迎来了一场劫难。根据科学家推测，大约 45.33 亿年前，一颗和火星差不多大小的原行星——忒伊亚（希腊神话中月神塞勒涅的母亲），偏离了运行轨道，和地球撞在了一起。

这次剧烈的碰撞让忒伊亚几乎支离破碎，也让地球“身负重伤”——被撞的部分成为碎片，但这不足以摧毁地球。很快，忒伊亚的铁质核心与地球融合，其他碎片则连同地球的碎片一起被抛至太空。在很短的时间内（科学家估计的时间从几个月到 100 年不等），这些碎片迅速聚集在一起，化为一颗圆球，它就是地球的卫星——月球。

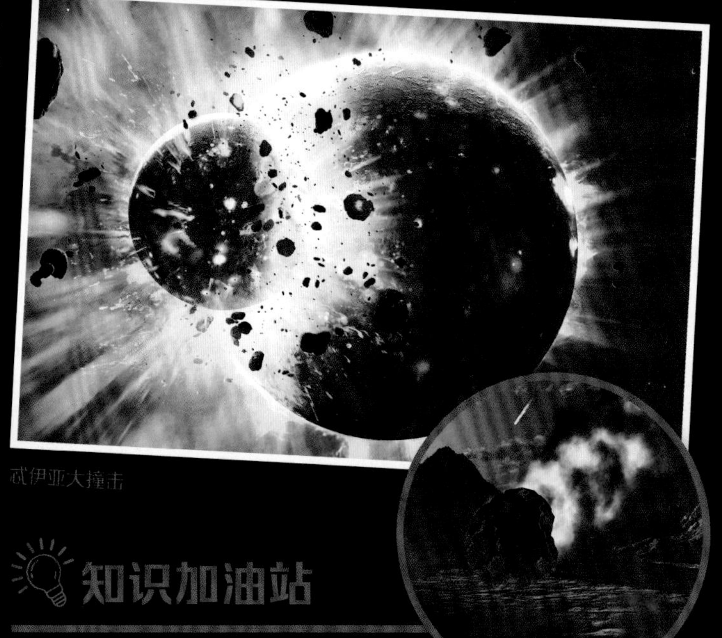
忒伊亚大撞击

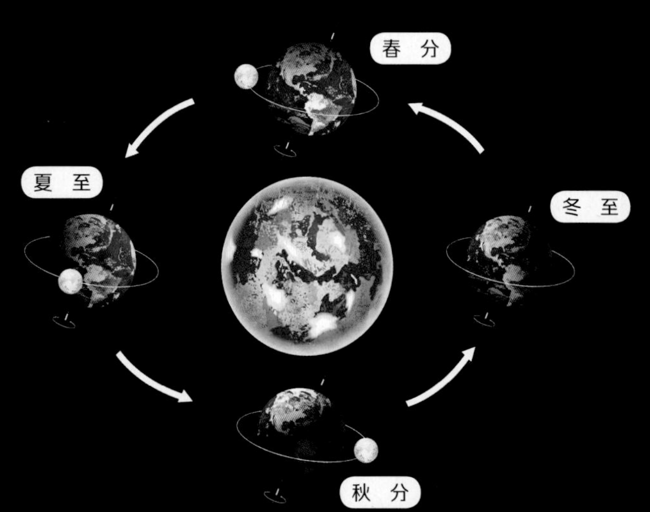

地轴被撞歪

据推测，经过剧烈的撞击，原始地球的自转轴被撞歪，出现了大约 23.5° 的倾角，于是地球便有了春夏秋冬四季。

知识加油站

45 亿年前的地球上，一天只有约 6 小时，一年有 1434 天。到了 25 亿年前，一天有约 12 小时，一年有 714 天。4 亿年前，一天总算延长到了 22 小时。贝壳上的生长纹可以证明这一点。

后期重轰炸

忒伊亚并不是最后和地球相撞的星体。到了约 41 亿年前，太阳系内还有无数个直径小到几米、大到数十千米的小行星，这些不速之客在太阳系内横冲直撞，使地球和月球饱受摧残。这个小行星狂轰滥炸的时期就是“后期重轰炸期”。

据估算，如果再经历一次后期重轰炸期，今天的地球将迎来全球性的环境破坏，还会形成至少 22 000 个直径 20 千米以上的撞击坑，约 40 个直径 1 000 千米左右的撞击盆地，甚至还有数个直径约 5 000 千米的撞击盆地。要知道，6 600 万年前，仅仅一颗小行星撞击地球，非鸟恐龙就灭绝了。相比之下，40 亿年前的地球完全就是一座地狱。

流星会轰炸地球吗?

与空气摩擦后，流星变得炙热无比，但它们的碎片一般很难落到地球表面，因为在落地之前它们就已燃尽。

熔岩海洋

如果你打算乘坐时光机回到冥古宙早期，一睹原始地球的真容，那你最好小心点：首先，你得时刻提防“天外来客”，因为陨星正在疯狂撞击地球；其次，地球暂时也没办法让你落脚，因为到处是喷发的火山和沸腾的熔岩，整个地球就是一片炽热的熔岩海洋……

此时，地球内部完全是一座大熔炉，岩浆不停翻滚、沸腾，较重的元素下沉到地球的中心，较轻的元素则升至地球表面，这最终让地球形成了界限分明的圈层——地壳、地幔、地核。

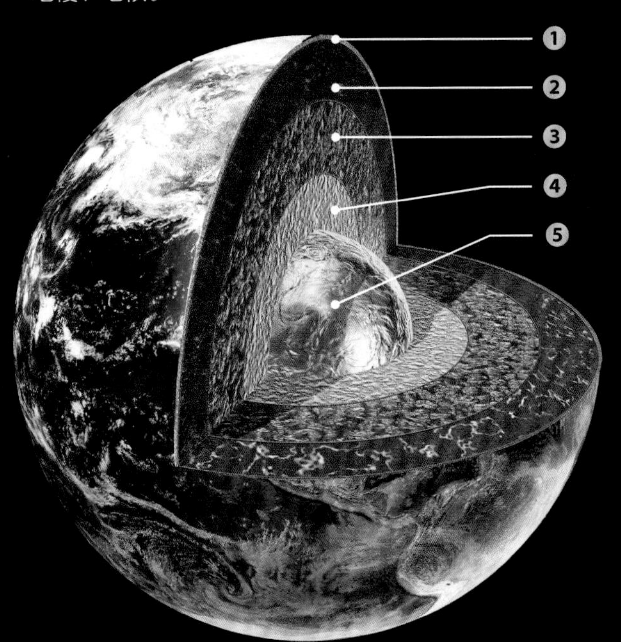

1 地　壳

地球最外面的固体层就是地壳，它由各种岩石组成。

2 上地幔

它是地壳下厚厚的一层。上地幔的上部有一个软流圈，这里可能是岩浆的发源地。

3 下地幔

这里的温度极高，压力极大，富含钙钛矿。

4 外　核

液态外核主要由铁、镍等重元素组成，另外还有一些轻元素，如硫、硅等。

5 内　核

以铁、镍为主的重元素聚集在地球的固态内核中。

太古宙的曙光

在距今 41 亿至 38 亿年间，整个太阳系十分不安宁，小行星狂轰滥炸，地球也深陷劫难之中。38 亿年前，狂躁的“后期重轰炸期”终于结束，地球也迎来了曙光。此时，地球开始降温，岩石终于能稳定存在。

知识加油站

根据国际地层委员会的官方划分，40 亿年前，冥古宙结束，太古宙开始。从这个时期开始，地球上才有稳定的地块——克拉通，它们就像漂浮在海洋上的冰盖一样，只不过地底下是一片岩浆海洋。

轰炸继续

既然撞击不可避免，那就让撞击来得更猛烈些吧！在距今 40 亿至 39 亿年间，小天体疯狂地撞向类地行星和它们的卫星。一时之间，水星、金星、地球、火星和月球变成了一个个“靶子”，密密麻麻的小天体向它们发起猛烈的攻击，似乎要将它们撞得千疮百孔甚至毁灭才肯罢休。经过这番疯狂的撞击，坑坑洼洼的月球表面留下了大约 1 700 个陨星坑，以此估算，地球可能曾被 20 000 多颗大型陨星密集轰炸过。

超级大温室

经过天体物理学家计算，在太古宙时期，太阳光非常微弱，它的强度大约只有现在的 75%。如果当时的太阳出现在今天，整个地球恐怕都会冰冻起来。但当时的地球上几乎没有氧气，反而有大量的温室气体，它们紧紧包裹着地球，就像给地球穿上了厚厚的“棉衣”。当时，大气中二氧化碳的含量比今天的要高 10 ~ 100 倍，即使太阳十分“冰冷”，年轻的地球也十分温暖，水也得以保持液态。

虽然当时的太阳十分暗淡，但因为有温室气体，地球才没有被冰川覆盖，因而才能孕育生命。

小心，氧气有毒！

太古宙之初，地球上还没有氧气，地球还在冥古宙地狱的余威中熬炼。不起眼的单细胞原核生物在这种恶劣的环境中诞生，并参与到了“生物改造地球”的浩大工程之中。

值得大书特书的就是蓝细菌（又称蓝藻），它是地球上最早进行光合作用的原核生物。当时，地球的大气中没有氧气，却有许多二氧化碳。当太阳光抵达地球，蓝细菌开始了最早的光合作用，它们不停吸收二氧化碳，还“咕噜咕噜”地排出了另一种气体——氧气。

不过，当时的其他生物都非常讨厌氧气，毕竟对它们而言，这种新气体是有害的。这导致厌氧生物几乎灭绝，很大程度上改变了地球上生物的组成结构。

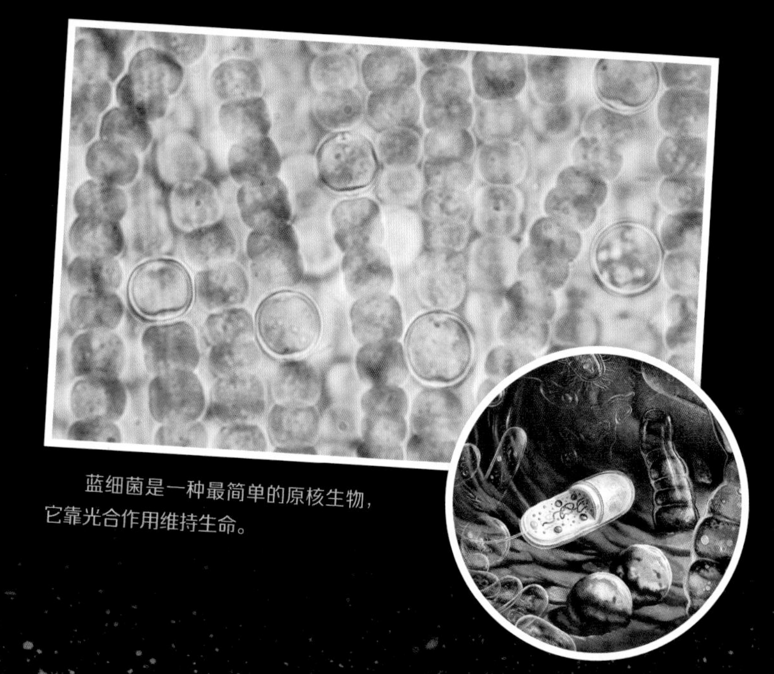

蓝细菌是一种最简单的原核生物，它靠光合作用维持生命。

在澳大利亚的鲨鱼湾，人们发现了35亿年前的叠层石。科学家就是通过叠层石才了解到地球上最初的生命。

叠层石的表面是一层薄薄的蓝细菌，中间是一层光合细菌，最下面是一层厌氧微生物。

生命的痕迹——叠层石

对于古老的过去，我们知之甚少，好在它仍给我们留下了一些隐藏的信息，比如叠层石。在太古宙，蓝细菌生活在浅海的岩石上。进行光合作用后，它们不仅释放出氧气，还会产生许多沉淀物。大量的蓝细菌聚在一起，在岩石上分泌出许多黏糊糊的胶状物质，不仅粘住了自己，还粘住了沉淀物。年深日久，这些藻类生物和沉淀物一层叠一层，形成了拥有“年轮”的叠层石。

元古宙，变变变

太古宙结束后，地球走进了元古宙。这一时期很长，从 25 亿年前一直到 5.41 亿年前，几乎快占据了整个地球历史（46 亿年）的一半。在这漫长的时间里，地球表层一直处于剧烈的变化之中。

分分合合的大陆

地球不是一成不变的，相反它非常“善变”，几乎隔一段时间（远不止短短几万年）就会改头换面。

在太古宙，许多原始的小型陆地就已经出现。进入元古宙之后，陆地越来越多，它们在地球表面漂移、汇聚、合并，形成超级大陆。但地球“脾气”很大，地质活动十分频繁，它们又会将超级大陆撕裂，分裂成好几块大陆。就这样，超级大陆不断地分裂、聚合、分裂、聚合……这个过程就是“超大陆旋回”。一次完整的超大陆旋回需要 3 亿至 5 亿年。

知识加油站

由于板块运动，距今大约 2.5 亿年后，地球上的陆地可能再次聚集在一起，形成新的超大陆。

罗迪尼亚超大陆

元古宙中期（约 11 亿年前），地球上形成了著名的超级大陆——罗迪尼亚超大陆，它的意思是“孕育生命的大陆”。它之所以名声赫赫，在于它与后来生命的蓬勃发展息息相关。

位于加拿大的蒙特朗布朗国家公园曾是罗迪尼亚超大陆的一部分。

❶ 南极和北极率先被冰川覆盖。

❷ 冰川进一步推进，但尚未笼罩赤道。

❸ 冰川已蔓延至赤道，地球变成了一个大雪球。

❹ 雪球像一面镜子，将太阳光反射入太空，冰川越来越厚。

雪球地球事件

罗迪尼亚超大陆出现后，很多陆地露出海面，裸露在空气中的岩石被风化，消耗了大量的二氧化碳；浅海区域扩大，蓝细菌大量繁殖，光合作用加强，二氧化碳被进一步消耗；超大陆出现在赤道附近，减缓了热量从赤道附近向两极传递，极地开始降温；大陆分裂时，火山喷发此起彼伏，大量的火山灰喷入空中，终年不落，使太阳光难以照射到地球表面……总之，地球两极最先形成了冰层，然后慢慢向赤道地区蔓延。

埃迪卡拉生物群

虽然雪球地球事件是地球上最严酷、最极端的古气候灾难之一，但它并不能冰封一切生命活动。

1946 年，在澳大利亚南部的埃迪卡拉山地，一位地质学家发现了许多古老的多细胞生物化石。这些生物数量众多，形状奇特，有的像圆盘或水管，有的像大叶子或绒布袋子，仿佛是人类尚未认知的“神秘生物”，以至于人们需要为它们专门取一个名字——埃迪卡拉生物群。后来，人们又陆陆续续在全世界 30 多个地点发现了类似的化石群。

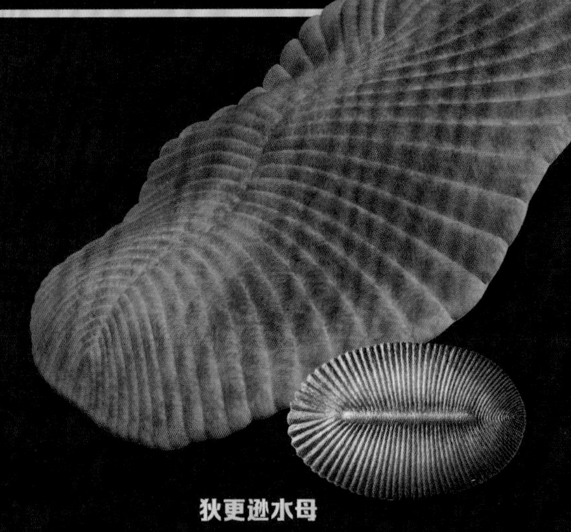

狄更逊水母

它的身体呈扁平的椭圆形，身长可达 1 米，但厚度却只有几毫米。

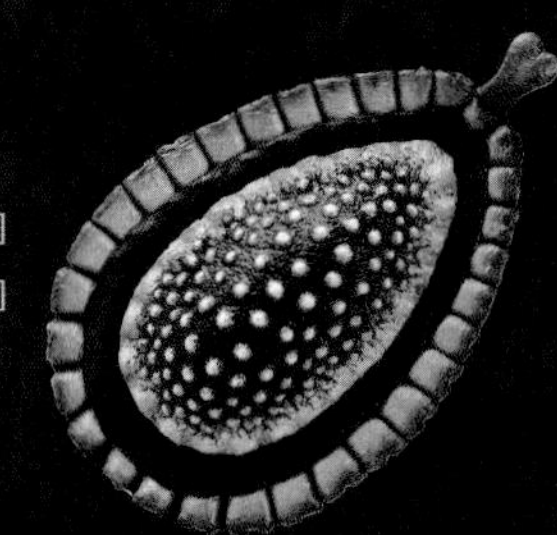

金伯拉虫

这是一种软绵绵的软体动物，它在沉积物中留下了移动的痕迹。

三分盘虫

它的外形酷似海星，有 3 条小“手臂”，整个身体呈螺旋状。

斯普里格蠕虫

这个奇怪的生物可能是三叶虫的祖先。

查恩盘虫的身体就像一片叶子，底下有一个圆盘，可能是用于固定在海底的固着器。

埃迪卡拉花园

这个时期的生物要么用突刺扎入海底沉积物中，要么横“躺”在海底，要么根部扎入海底而身体暴露在海水里。这里是一个没有捕食者的伊甸园，没有杀戮与掠夺，甚至连竞争都谈不上，因此有人将这个世界称为“埃迪卡拉花园”。不过，安逸中往往隐藏着危险……总之，在 5.41 亿年前，埃迪卡拉生物已经全部灭绝。

埃迪卡拉生物群复原图

爆发吧，寒武纪

送别了埃迪卡拉生物群之后，现在已经是 5.41 亿年前的寒武纪。一晃，地球已经超过 40 亿岁了！接下来的日子，虽然不至于掰着指头一天一天慢慢数，但也不再一亿年一亿年地一闪而过了。地球将越来越精彩，因为生命要开始大爆发了！

澄江生物群

1984 年，在云南省澄江县（今澄江市）帽天山附近，古生物学家发现了一个惊天大秘密——澄江生物群。这个化石基地就像一台时光机，一下子将人们带回了那个生命大爆发的寒武纪。到 2020 年为止，这里已经发现并识别出 20 个门类、280 余个物种。如果生物朋友们想要认祖归宗，它们几乎全部能在这里找到自己的祖先。当然，还有许多已经消失的奇珍异虫也曾在这里向地球报到过！

多须虫

由于头部有5对带有钩爪的附肢，多须虫看起来就像长满胡子的圣诞老人，所以又被叫作“圣诞老人蟹”。它可能是鲎、蜘蛛和螨的祖先。

西德尼虫

它体长10厘米左右，身体分为头、胸、腹三部分，具有分化的附肢，头部前端长有两根长长的触须，远看像一只长了许多小脚的小鱼，但它可能是凶猛的“捕猎杀手”。

海口鱼

1997年8月，中国古生物学家在云南省昆明市的海口地区进行野外考察时，发现了地球上最早的一种鱼，并将它命名为海口鱼。

昆明鱼

1998年12月，古生物学家在昆明市的海口地区发现了第二块脊椎动物化石，并将它命名为昆明鱼。昆明鱼是地球上已知最古老的原始脊椎动物，被誉为“天下第一鱼”。

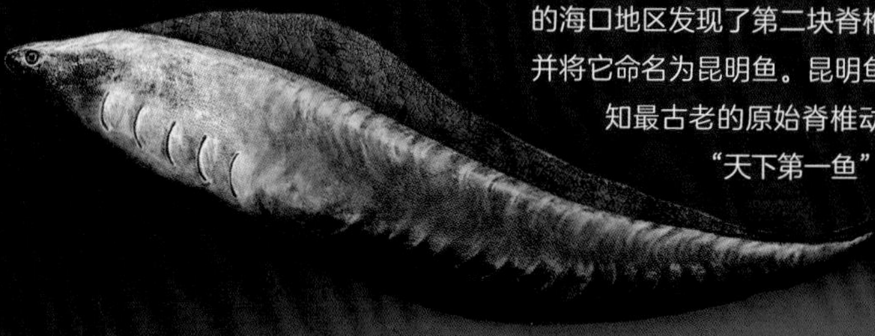

皮拉尼海绵

奥特瓦虫

三叶虫

三叶虫是寒武纪响当当的大明星，它的知名度几乎仅次于后来的恐龙！由于背壳纵向分为一个中轴和两个肋叶三部分，横向分为头、胸、腹三部分，所以人们称它为“三叶虫”。

皮卡虫

瓦普塔虾

抚仙湖虫

它的化石埋藏在距今5.3亿年前的澄江生物群中，体长约10厘米，是昆虫的远祖。

澄江化石地世界自然遗产博物馆

云南省玉溪市澄江市拥有中国首个、亚洲唯一的化石类世界遗产——澄江化石地世界自然遗产博物馆。这里的化石是寒武纪大爆发的重要实证，被誉为“20世纪最惊人的科学发现之一”。

奇　虾

5.3亿年前的海洋中，最强大的猎手莫过于奇虾了。它的体长可达2米，带柄的巨眼有乒乓球那么大，一对大螯肢最擅长快速捕猎，恐怖的嘴巴里还长着一圈锋利的牙齿……

欧巴宾海蝎

5只带柄的眼睛，1个像大象鼻子一样的嘴巴……这个奇异生物也许是虾类的远亲。

仙掌滇虫

这种动物就像仙人掌一样，浑身布满尖刺。它体长约6厘米，有10对强壮的、带刺的长腿。

怪诞虫

起初，这个奇怪的生物不仅头尾被搞反了，就连上下都给颠倒了！科学家以为7对尖刺是它的腿，还猜测它走路的姿势像踩高跷一样。实际上，柔软的触手才是它软绵绵的肉足。

沃克西海绵

奥陶纪乐园

寒武纪大爆发之后，地球变得生机盎然。4.85亿年前，寒武纪结束后，地球又迎来了一个新的时期——奥陶纪。此时，陆地上一片沉寂，海洋里却精彩极了。经过寒武纪的一番探索，生物们似乎找到了新的进化之道。这一次，生物们不再“大爆发”，而是迎来了“大辐射”。也就是说，它们不再疯狂地建立新的家族，转而沉迷于让每个家族变大、变强。

奥陶纪大辐射

“大辐射”？没那么容易。生物们满心欢喜地迈入新时代，地球却出了一道难题：想迎接新纪元，先接受超强温室的考验吧！奥陶纪初期，二氧化碳“肆无忌惮”地增加，浓度几乎是今天的 10 倍以上。进化之路困难重重，寒武纪大爆发时留下的生物所剩无几。不过，生命一定不会就此停下脚步的，否则地球的故事里就不会有人类出现了。

考验过后，超强温室的阴霾终于散去，生物开始了一段新的旅程——“大辐射”。生物的门类不再激增，取而代之的是，每一科更加活跃、强大，种类更加丰富。相比于寒武纪，奥陶纪生物的数量翻了近 4 倍，地球上顿时变得热闹非凡。

知识加油站

1879 年，经过一番考察，英国地质学家查尔斯·拉普沃思发现：英国的阿雷尼格山脉中露出了古老的岩层，位于寒武系与志留系岩层之间。由于这里曾是古老的凯尔特部落中的奥陶维斯人所居住的地区，“奥陶”便由此得名。

鹦鹉螺

海百合

海葵

海绵

顶级海怪——房角石

在奥陶纪的海洋里，谁会成为新的霸主呢？那就先看看谁的个头大吧！排在第一位的是一个形似章鱼、头戴海螺帽的海怪，它看起来就像一只章鱼被硬生生地塞进了一个长长的妙脆角里，它的名字叫作房角石。它究竟有多大呢？身形笔直的它就像海里的一根电线杆，整个身体长约10米，仅触须的长度就接近2米。

这顶巨大的“帽子”虽然十分笨重，却是房角石的保护罩，连凶猛的板足鲎都对它束手无策。房角石不仅个头大，还不挑食，像三叶虫、板足鲎，甚至是个头较小的同类，房角石都会毫不客气地一口吞下。

灵活的“妙脆角”

别看房角石体形大，头部还背着个又重又长的硬壳，它的身子却十分灵活。虽然“妙脆角”又细又长，但内部被分隔成一个个气室隔间。为了让自己自由移动，房角石的头部进化出一条连通各个气室的管道——体管。聪明的它通过挤压腔体内的海水，并经由体管喷出，以此产生巨大的压力，推动房角石的身体反向前进，就像现代的火箭升天一样。而且房角石的触须非常灵活，可以调整喷射方向，推动它朝各个方向自由移动。

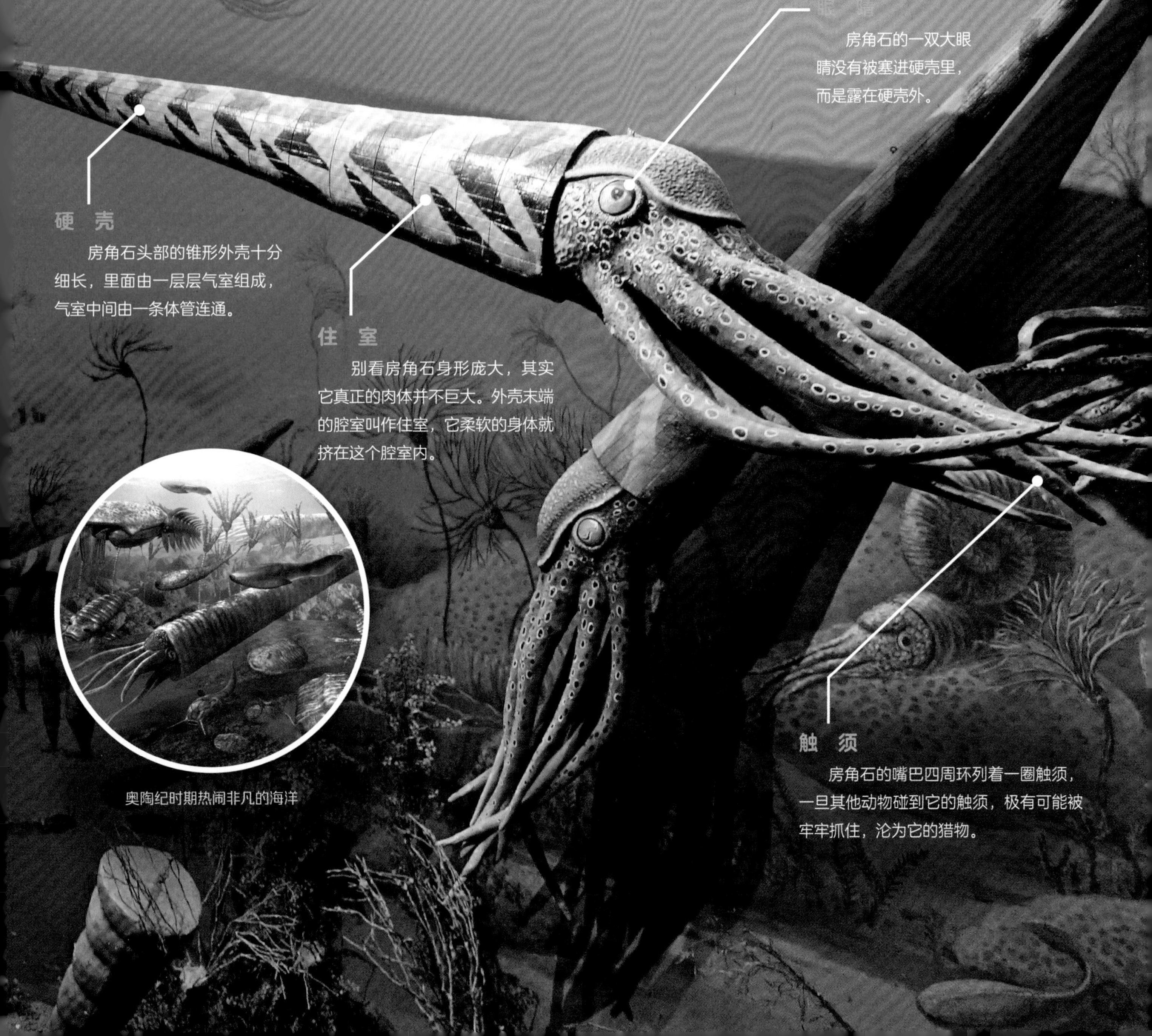

眼 睛

房角石的一双大眼睛没有被塞进硬壳里，而是露在硬壳外。

硬 壳

房角石头部的锥形外壳十分细长，里面由一层层气室组成，气室中间由一条体管连通。

住 室

别看房角石身形庞大，其实它真正的肉体并不巨大。外壳末端的腔室叫作住室，它柔软的身体就挤在这个腔室内。

触 须

房角石的嘴巴四周环列着一圈触须，一旦其他动物碰到它的触须，极有可能被牢牢抓住，沦为它的猎物。

奥陶纪时期热闹非凡的海洋

第一次生物大灭绝

生物并不会一直悠闲自在地活着，每隔一段时间，地球环境稍微动荡一下，它们就得尝一尝“世界末日”的滋味。至今，地球已经经历了5次大灭绝。在距今4.44亿年前，奥陶纪末期，地球上的生物迎来了惨烈的第一次生物大灭绝，而大灭绝的原因一直是一个谜。

可能性 ★★★★★

一会儿变冷，一会儿又变暖，经过气候的“双重打击”，生物再也经受不住反反复复的折腾，最后走向了灭亡。

气候变化

奥陶纪末，地球上出现了一次大降温，于是冰期开始了。一时之间，气候变冷，海平面下降，动物们的海洋家园越来越小，但它们暂时还不是“陆地居民”。于是，浅海的生物们纷纷向深海搬家。但深海带来的不是希望，而是绝望，许多生物都无法适应深海的生活，珊瑚虫、三叶虫、苔藓虫、笔石难逃厄运，几乎全军覆灭。

冰期持续了很久才终于结束。随后，气温渐渐转暖，冰川开始消融，海平面迅速上升，升高了50～100米，部分陆地变回浅海，浅海变回深海。但这一次，带来的不是家园重建，而是缺氧。氧气的缺乏，再一次让生命遭受了毁灭性的打击。

在奥陶纪的海洋中，房角石是凶悍迅捷的霸主。在大灭绝之前，它所属的大型直角石类有多达177个属，但在大灭绝中，其中的155个属都消失了。

奥陶纪末，生物们迎来了首个“世界末日”。据科学家估计，第一次生物大灭绝造成了地球上大约85%的生物物种灭绝。在地球的5次生物大灭绝事件中，它的灭绝等级排名第二。

伽马射线暴

4.44 亿年前的一天，宇宙中的一颗超新星爆发，产生了几束伽马射线暴，其中一束击中了地球。不到 10 秒钟，强大的伽马射线暴便将地球的臭氧层摧毁了，太阳辐射出的紫外线直抵地球，杀死了大量生物，食物链也被彻底破坏了。很快，饥饿便开始笼罩地球，生物在饥饿中苦苦挣扎，互相残杀。经过一番厮杀，海洋变得死气沉沉。

可能性 ★★★★

伽马射线暴号称“宇宙死神”，它几秒内释放的能量相当于太阳 100 亿年释放的能量之和。

可能性 ★★★

火山喷发

奥陶纪末期，火山喷发十分活跃，仅一次火山喷发就可以喷出大量的火山灰。当时，无数火山灰被抛向数万米的高空，将地球团团围住。灰蒙蒙的火山灰遮天蔽日，将太阳光拦截在高空或者反射出大气层，导致热量无法抵达地球，从而引发了大面积、长时间的全球性降温。于是，在天寒地冻之中，生命迎来了它们的首个“末日”。

可能性 ★★

小行星撞地球

还有人认为，奥陶纪末，一颗直径大约 10 千米的小行星撞击了地球，它释放的能量相当于 100 亿颗原子弹爆炸产生的能量之和。很快，巨大的烟尘便将地球包裹，令太阳光无法照射到地面。就这样，地球进入冰期，生命遭遇惨烈的“灭顶之灾”。

笔石的化石

志留纪，复苏与登陆

第一次“世界末日”之后，劫后余生的地球变成什么样了呢？不用太担心，它不会就此被打垮的。进入志留纪后，地球从大灭绝中慢慢缓过神来，气候十分温暖，极地冰盖消失了，海平面迅速上升，生物迎来了一次难得的大发展机会：成群的笔石尽情生长，板足鲎成为海洋霸主，鱼儿们建立古鱼王国……还有，植物终于登上陆地啦！

漂荡的笔石

安定的笔石

岩石上的笔迹？

18 世纪，第一块笔石化石被发现。起初，谁也不知道这是什么生物，有人猜它是地衣、苔藓或藻类，有人认为它是软体动物或珊瑚。总之，它的化石看起来像在岩石上留下的笔迹，“笔石”便由此得名。

其实，笔石是志留纪海洋里最为繁盛的浮游动物之一，它们过着群居生活。不过，它们有的追求安定，有的喜欢漂泊。为了安定，一些笔石细长的茎连接到海藻或礁岩上，茎末端的根状结构牢牢抓住这些附着物。为了漂泊，另一些笔石聚集在充满气体的浮胞上，就像僧帽水母一样，在海洋里四处漂浮。

失落的古鱼王国

2007 年，在云南省曲靖市麒麟区潇湘水库附近的志留纪地层中，中国科学院的古生物学家发现了许多保存完整的鱼化石。这就是世界上独一无二的潇湘动物群。这里的古鱼类化石多达上百种，失落的古鱼王国终于重见天日。

当时的中国云南还地处赤道，但那里已经存在一个欣欣向荣的鱼群，梦幻鬼鱼、丁氏甲鳞鱼、长孔盾鱼、钝齿宏颌鱼都是其中的“原住民”。不过，在志留纪的海洋里，无脊椎动物依然是统治者，古鱼王国的成员尚无还击之力，只能生活在板足鲎的阴影下。

约 4.2 亿年前，体长 20 多厘米的丁氏甲鳞鱼已经出现在海洋里。

知识加油站

如果没有颌骨，生物的嘴巴只能像吸管一样，将食物和水一齐吸进肚子里，再将水慢慢过滤出去。在危机四伏的海洋里，如果不能主动捕食，生物们就只能沦为别人的盘中餐。所以，盾皮鱼类的初始全颌鱼率先进化出颌骨，嘴巴一张一合，撕咬力和战斗力飙升，猎物摇身一变成为猎人。

最古老的大型陆地植物是 4.3 亿年前的顶囊蕨，虽然说是“大型”植物，其实它也只有几厘米高。

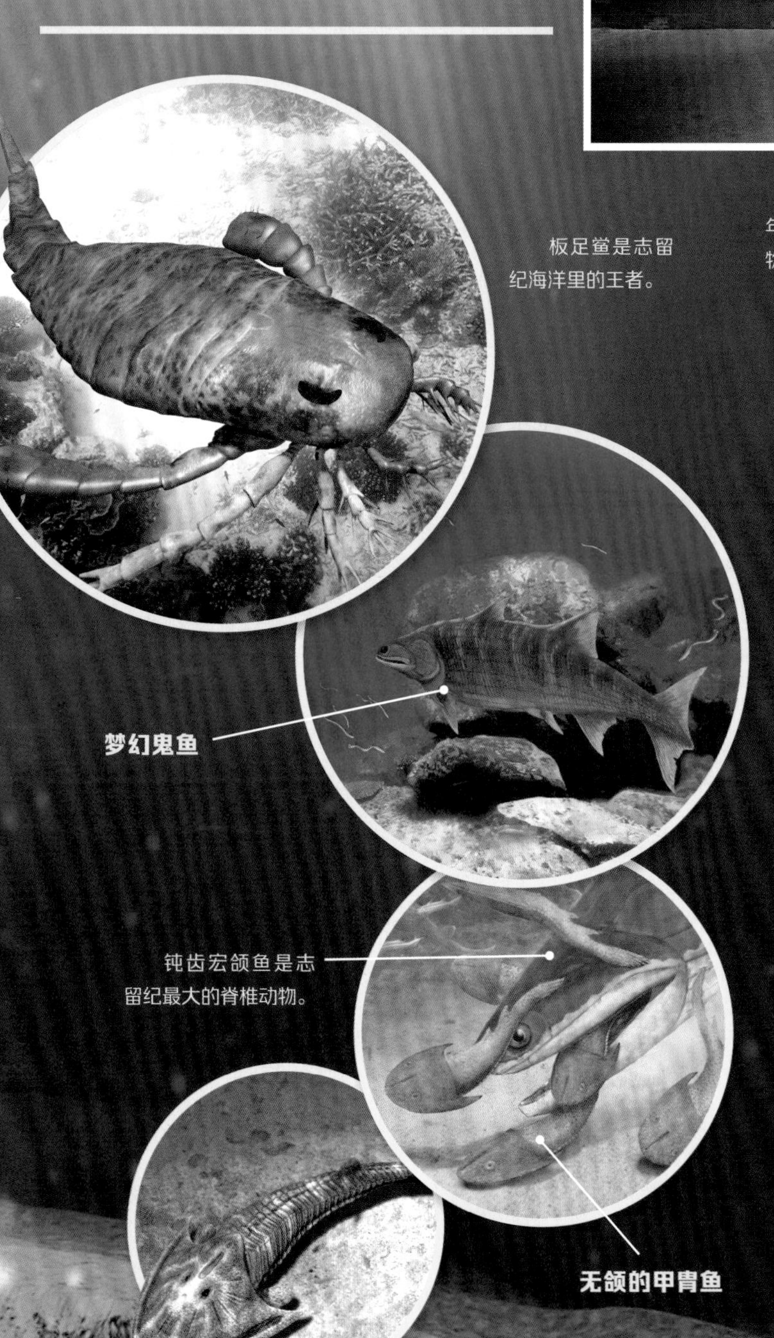

板足鲎是志留纪海洋里的王者。

钝齿宏颌鱼是志留纪最大的脊椎动物。

头甲鱼是古鱼王国的主要成员。

植物登上陆地

奥陶纪末真是段糟糕的时期，海洋缩小，陆地涌现，生物大灭绝……但绝处逢生是生物的绝技，既然被逼上了陆地，那就干脆征服陆地吧！

虽然奥陶纪时期，海洋中的藻类已经“爬”上了陆地，但它们是由于海退而被迫留在陆地，并不能长期存活。到了志留纪，经过时间的洗礼，被迫反复置身于海洋和陆地之间的藻类逐渐进化出适应陆地的结构——维管。就这样，植物终于真正地登上了陆地。

越长越高，越长越大

只要有水、二氧化碳和阳光，植物就能自给自足。为了获得足够的阳光，每一株植物都要避免被其他植物或淤泥遮挡，尽可能地向着有阳光的地方生长。为了获得充足的水分，植物的根要向着水源充足的地方延伸。渐渐地，脉络开始生长，水分和营养物质便可以在植物体内流通；植物长出了假根与真根，可以更好地固定自己并获得充足的无机盐和地下水。后来，木质素也出现了，它让植物长得很高很大而不会被自己的重量压垮。在木质素的帮助下，植物们为了不被其他植物遮挡而越长越高，越长越大……

泥盆纪，鱼类时代

装备了颌骨后，凶猛的邓氏鱼准备挑战昔日的海洋霸主——板足鲎。它一张开巨嘴，便将板足鲎死死咬住。就这样，邓氏鱼彻底推翻了板足鲎的统治，开始称霸海洋。

志留纪真是段平静而短暂的时光，生物们没有闹出太大的动静，也没有遭遇大灭绝。到了4.19亿年前，地球又“改朝换代”，迎来了泥盆纪。泥盆纪是鱼类的黄金时代。有了坚硬的颌骨后，凶猛的鱼类张开血盆大口，血洗板足鲎，痛痛快快地打了一场翻身仗。就这样，泥盆纪的海洋终于成了鱼类的天下。

沟鳞鱼

这是一位“铁甲战士”，它浑身就像穿着一件由多块甲片组成的无敌铠甲，胸部还长出了一对长长的、套着硬壳的“翅膀”。

邓氏鱼

重约4吨、体长可达10米的邓氏鱼是泥盆纪的海洋霸主，它的巨嘴具有超强的咬合力。无论是披盔戴甲的板足鲎，还是凶猛的大鲨鱼，都难逃它的血盆大口。

胸脊鲨

它后背上顶着的是一个大托盘，还是一个大熨斗？都不是，这是胸脊鲨的背鳍。不过，这种背鳍是雄性鲨鱼的专属，可能是求偶时炫耀的装备吧！

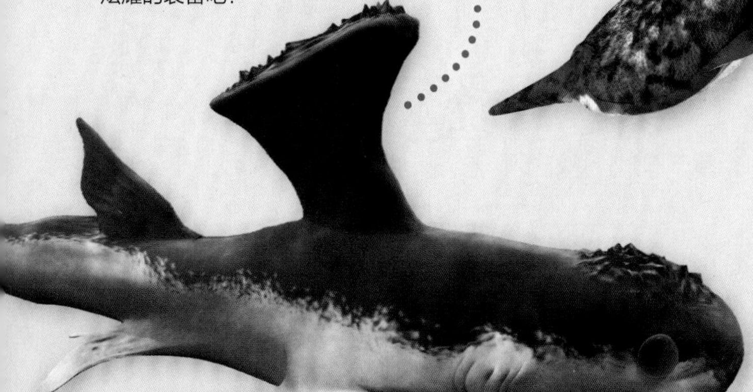

鳍甲鱼

它的身体前部有一个厚实的头盾，前端就像尖锐的鸟喙。它的后背上没有背鳍，但有一根刺状长棘。它的尾巴细长灵活，游泳能力很强。

异刺鲨

和裂口鲨一样，这也是条凶猛的鲨鱼，它体长1米多。在它头顶上，一根向后伸出的长刺异常引人注目，刺上可能含有毒液。

提塔利克鱼

这个家伙出现在泥盆纪晚期，长有一排用于捕食的牙齿，头部扁平，眼睛长在头顶，有点像我们今天的鳄鱼。

肺　鱼

鱼儿在水中用鳃呼吸，肺鱼也不例外。当水体干涸的时候，肺鱼还能把鱼鳔当作肺呼吸。

裂口鲨

这是鲨鱼家族的老祖宗，与今天的鲨鱼相比，它的牙齿小极了，颌关节也很脆弱，下颌肌肉却可以极大地扩张。因此，它不擅长撕咬猎物，而是选择从背后发动突袭，再大口吞下猎物。

矛尾鱼

矛尾鱼是唯一现存的总鳍鱼类，被称为“活化石”。它喜欢生活在深海里，白天总是待在隐蔽处休息，夜间才会四处觅食。

原始森林

泥盆纪是鱼类的天下，而植物也迎来了它的黄金时期。当时，陆地上除了植物，还有些饥饿又弱小的节肢动物，它们无法以活的植物为食，只能吃些植物的遗骸和碎屑。

泥盆纪之初，陆地植物最高只有30厘米。但到了泥盆纪末期，大型蕨类已经高达10多米。植物迅速蔓延到陆地的各个角落，形成了最早的原始森林。

这次，拉开大灭绝序幕的可能是来自天外的不速之客。

“飞火流星”

迈入泥盆纪晚期，生物大灭绝的号角开始悄然吹响。科学家推测，当时地球上可能发生了两次超强的小行星撞击。陨星一路奔向地球，陨落之处一片疮痍：冲击波扫荡了森林、湖泊，不留情面地杀死了其中的所有动植物；在被撞碎的地壳中，火山剧烈喷发，大量岩浆喷涌而出，连海底的火山也不例外。

很快，地球再一次陷入了漫长的黑夜，阳光和热量被拒之门外，地球又一次变冷。灾难再一次重演：海水退去，大量的珊瑚礁暴露在大气中，生活在珊瑚礁周围的珊瑚虫、苔藓虫、层孔虫等纷纷遭遇灭顶之灾。

第二次生物大灭绝

泥盆纪的海洋，是鱼类的天下，但可惜的是，鱼类的黄金时代并没有一直持续下去。到了泥盆纪晚期，鱼儿们也经历了一场“世界末日”，这便是第二次生物大灭绝。这次大灭绝虽然规模不是最大的，但持续的时间却是最长的。

火山不停喷发，各种气体和固体尘埃渐渐飘入大气，并慢慢聚集在一起。

终结泥盆纪

烟尘终会散去，久违的阳光也会再一次穿过黑夜，来到地球表面，这样的剧情与第一次生物大灭绝之后的故事如出一辙。然而，这一次，太阳并没能温暖地球，冰川继续蔓延，海平面继续下降。为什么太阳光回归后，地球的情况反而更糟糕了？很难想象，这次的罪魁祸首竟然是酷爱光合作用的植物。植物越来越繁盛，光合作用也越来越剧烈，火山喷出的温室气体完全被它们吞进肚子里，但这远远不够，它们还得疯狂地吸收大气中的二氧化碳，不停地释放氧气。

经历了重大打击后，浮游生物元气大伤。此时，氧气增加了，海水中突然还多出了许多营养物质，浮游生物便抓紧机会迅速繁殖。但这导致了大面积的赤潮，还有海水中氧气的大量消耗。

谁能想到，此时，大气里富含氧气，但海洋里的氧气却所剩无几。那些用鳃呼吸的鱼儿无法摄取空气中的氧，只能活活地窒息而死。

“超级小强”

虽然海洋变成了地狱，但三叶虫号称打不死的“超级小强”，它靠着最后一支血脉——砑头虫目，顽强地生存了下来。

是摇篮，也是地狱

海洋曾号称“地球生命的摇篮”，但在泥盆纪晚期，这里却变成了一片地狱。惨烈的大灭绝终结了大量的海洋生物，75% 的物种灭绝了。

千古一霸邓氏鱼消失了，如此强悍的海洋霸主甚至连一个泥盆纪都没挺过来。更惨烈的是，邓氏鱼所属的整个盾皮鱼家族全部灭绝了，无颌鱼类也全军覆没。鱼类时代就这样匆匆落下了帷幕。

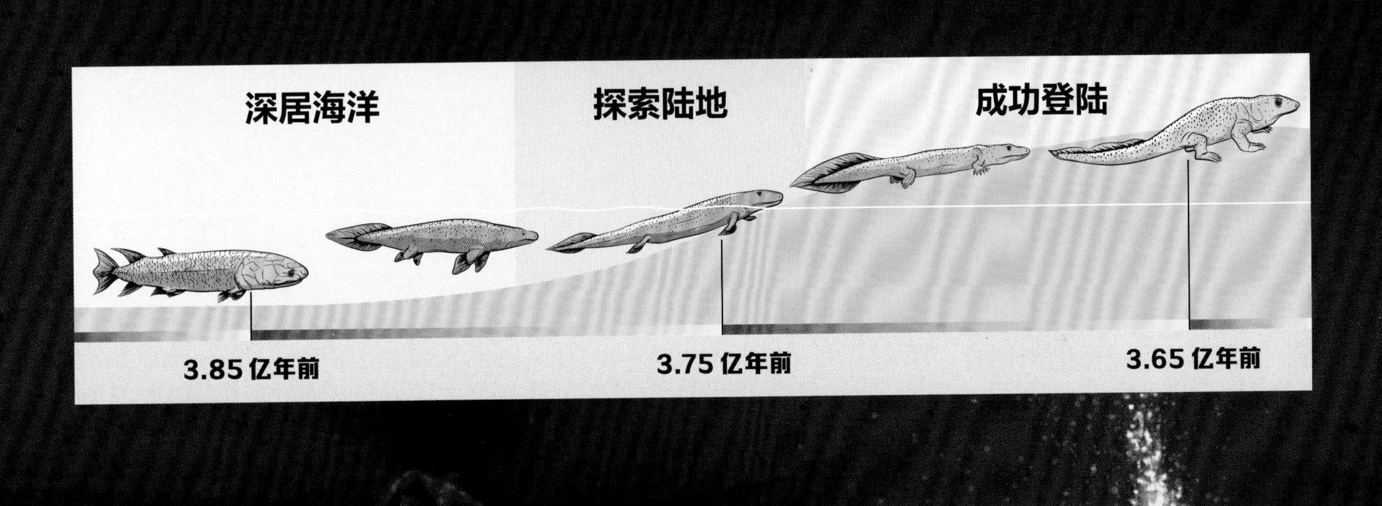

登陆先锋——鱼石螈

虽然鱼类遭到了重创，但它们不甘心坐以待毙。泥盆纪末期，正当海洋生物们还在水深火热中挣扎之时，一部分鱼类已经为登上陆地做好了准备，它们进化出可以吸入氧气的肺，以及可以在陆地上行走的四肢……到了 3.65 亿年前，脊椎动物家族的登陆先锋——鱼石螈成功登陆。

登陆并没有想象的那么容易，鱼石螈决定先在陆地露个面，再返回水里，毕竟它得慢慢适应新的生活。

石炭纪，植物帝国

第二次生物大灭绝后，会不会又是一段漫长的复苏呢？不见得！时间很快就来到了 3.59 亿年前的石炭纪。虽然动物们刚刚惨遭血洗，但参天古树却覆盖陆地，创造出一个植物帝国。如果重返植物帝国，你一定会大开眼界：树木高达 30 余米，比十几层楼还高；节肢动物大得离谱，可以长到 2 米以上……

造氧吧，植物们！

植物们总是默默地努力着，带给地球许多惊喜！在温暖的石炭纪，森林里既有高大的乔木，也有低矮的灌木，它们层层叠叠，迅速生长，随时准备为地球献上一份大礼。这一次，它们决定发挥所长，尽情进行光合作用，向空气中发射“氧气炮弹”，将地球改造成一座天然氧吧。一时之间，空气中氧气的含量迅速飙升至 35%，要知道，今天空气中氧气的含量只有约 21%。

造煤吧，植物们！

植物帝国可不是浪得虚名！活着的时候，它们忙碌地制造氧气；死亡后，它们决定献出遗骸，为地球制造另一份惊喜——煤炭。

在石炭纪的森林里，不少植物生长在被水浸泡着的沼泽地里，那里十分封闭。植物们死亡后，很快下沉到缺氧的稀泥中，避免了细菌、微生物的破坏。这样一来，植物们身体里储存的能量还来不及消耗殆尽，便被“锁”了起来。年复一年，植物们一次次变身，从泥炭、褐煤、烟煤到无烟煤……当你点燃一块来自石炭纪的煤炭，它释放的可能是 3 亿多年前植物储存起来的能量。

巨虫时代

如果误闯入石炭纪的森林里，你会有种熟悉的感觉，因为你会在这里见到许多老朋友：蜻蜓、蟑螂、蜘蛛、马陆……但你很快又会傻眼，因为这些老朋友似乎都变大了十几倍。当然，你不用怀疑，不是你变小了，而是你来到了一个巨虫时代！

你是不是很好奇，巨虫是如何诞生的？前面说过，石炭纪的森林就是一个天然氧吧，虫子们通过身体表面的微型气管大口大口地吸入氧气，体形也越来越大。

巨脉蜻蜓

一只蜻蜓能有多大？在石炭纪的森林里，一只巨脉蜻蜓的翅膀展开可达70多厘米。

巨型马陆

这个千足虫怪物身长可达2.4米，浑身披着坚硬的盔甲，是有史以来最大的陆地节肢动物之一。不过你不用太害怕，它并不是凶猛的捕食者，它喜欢吃植物残骸。

46%

石炭纪晚期，煤炭遍地燃烧，毒气弥漫在空中，46%的物种遭到灭绝。

雨林崩溃

到了石炭纪晚期，可能是冰期袭来，地球上的气候再一次发生剧变。温暖湿润的森林变得干冷，参天雨林变成了大树稀少的小片丛林，大片森林沦为荒漠，氧气的含量也从35%迅速跌至15%。持续了约600万年后，雨林彻底崩溃，巨型节肢动物失去栖身之所，逐渐走向灭亡。

昔日的植物帝国

在巨兽时代，异齿龙是当之无愧的顶级掠食者。

二叠纪，巨兽时代

告别石炭纪后，地球在大约 2.99 亿年前又迎来了下一个时代——二叠纪。与以往不同，二叠纪是一个斗争异常激烈的“巨兽时代”，爬行动物乘上进化的快车，纷纷亮相。它们就像一个个高大威猛的勇士，身披细密的鳞片，露出锋利的大犬齿，时刻准备进行决斗，抢夺新时代的霸主宝座。

石炭纪的遗产

巨兽行走在二叠纪的大地上，时不时上演一出出惊险刺激的生死决斗……等一等，我们的记忆明明还停留在三叶虫、板足鲎、鱼、昆虫活跃的时期，怎么一下子就进入了“巨兽时代”？

一切还要从石炭纪雨林崩溃事件说起！那时，森林骤减，动物们都在摸索如何才能适应新环境。最终，爬行动物演化出一种秘密武器——羊膜卵（也就是蛋），可以使自己的后代摆脱对水的依赖，在陆地上存活。就这样，爬行动物在二叠纪闪亮登场，体形也从瘦小的蜥蜴变成了巨兽。

史前猪——水龙兽

超重之王——杯鼻龙

背帆怪兽——基龙

作为巨兽时代的先锋，基龙是个吃素的家伙。与3米长、2吨重的大身体相比，它的脑袋实在是又短又小。最奇特的是，它的背上长有一片巨大的“背帆”。你千万不要小瞧这块“背帆”，这可是基龙控制体温的秘

史前猪——水龙兽

科学家认为，这个动物的外形尺寸和猪差不多，故称之为“史前猪”，但仔细瞧，它是不是更像河马一些？这个生活在二叠纪晚期的动物名叫水龙兽，它长着一对长长的獠牙，

超重之王——杯鼻龙

小兄弟们都有自己的秘密武器，“素食怪”杯鼻龙也不甘示弱，它决定化身“巨无霸”，让掠食者望而生畏。这位“超重之王”身长6米，体重可达2吨，基龙和异齿龙

一旦被狼蜥兽盯上，盾甲龙就要惨遭厄运！

戴着王冠的鳄鱼——冠鳄兽

它的头上长有犄角，莫非是传说中的龙？实际上，这个头戴"王冠"、长得像鳄鱼的动物是冠鳄兽。它的体形十分笨重，如同一头成年公牛。平时，它会吃各种植物的根茎叶，但如果遇到诱人的猎物，它也会一举拿下猎物，给自己开个荤！

咆哮的巨兽——盾甲龙

身披坚硬的骨板，拖着庞大的身躯，身长3.5米的盾甲龙看似十分凶猛，实际上却是一位不折不扣的素食主义者。凭借巨大的颊骨，盾甲龙可以发出震天响的咆哮声，以威慑掠食者，或者吸引心仪的对象。

二叠纪之王——狼蜥兽

在二叠纪即将接近尾声时，体长3米多、重约300千克的狼蜥兽突然杀出重围，成为"二叠纪之王"。瞧瞧它那锋利的牙齿，尤其是上颌那2根长约15厘米、像利剑般的獠牙，一口便能轻松刺入猎物的脖子，迅速撕扯开猎物的皮肉。

当西伯利亚的超级火山冲破地表的那一刻，地球仿佛又回到了那个地狱一般的冥古宙。

95%

第三次生物大灭绝导致当时95%的海生生物和75%的陆生生物灭绝。

第三次生物大灭绝

2.52 亿年前，正当巨兽们春风得意的时候，最为惨烈的二叠纪大灭绝开始了：超级火山剧烈喷发，熔岩铺满大地，海洋变成一片片“酸海”，地球的温度也“噌噌噌”往上升……在一连串组合拳般的打击下，无数生物惨遭灭门，连努力存活了约 3 亿年的三叶虫，也没能熬过这次大灭绝……

超级火山喷发

根据科学家推测，大约 2.52 亿年前，西伯利亚发生了一次超级火山喷发，它持续了大约 100 万年，直接将二叠纪变成了地狱。

一时之间，大量灰尘涌入空中，遮蔽了太阳光，植物们无法进行光合作用而死去，吃不到植物的植食性动物相继死亡，紧接着，吃不到植食性动物的肉食性动物也纷纷饿死，食物链被彻底破坏……你以为这就结束了？大气中还有大量的酸性颗粒，它们遇上水汽后，形成酸雨，对地面开启了“酸雨暴击”。在一阵轰击下，剩下的植物、软体动物、浮游生物无一幸免。

超级温室

这次超级火山喷发给地球制造的麻烦实在不小。超级火山喷出大量的二氧化碳和其他气体，还点燃了森林，熊熊火焰将森林烧成了灰烬。短短十几年内，地球变成了一座“超级温室”，平均气温也从 16℃升至 40℃。

过了很久，火山终于停止了喷发，凝固的熔岩凝结成大片大片的玄武岩，在地球表面累积，最大厚度达 2 000 ～ 2 500 米，这就是西伯利亚暗色岩。

冠鳄兽的头骨化石

西蒙螈化石

超级地幔柱

西伯利亚的超级火山为什么会喷发？这一切不得不从地幔柱说起。在地球深处接近地核的区域，高热的地幔物质组成巨大的岩浆流，它们就像承受着高温高压的猛兽，径直向上蹿，直抵地壳。一路往上冲时，它们会遇到重重阻碍，头部慢慢平展扩散，看起来就像一朵朵蘑菇。这些地下的“蘑菇”就是地幔柱。

大多数时候，地幔柱头部会逐渐冷却，分流成一股股更小的岩浆，有些会从板块的薄弱处溢出，这是我们熟知的火山喷发。然而有些地幔柱来势汹汹，它们直接击穿地壳，超乎想象的岩浆便像洪流一样冲出地表，形成超级火山喷发，肆无忌惮地轰击一切，如同打开了地狱之门。

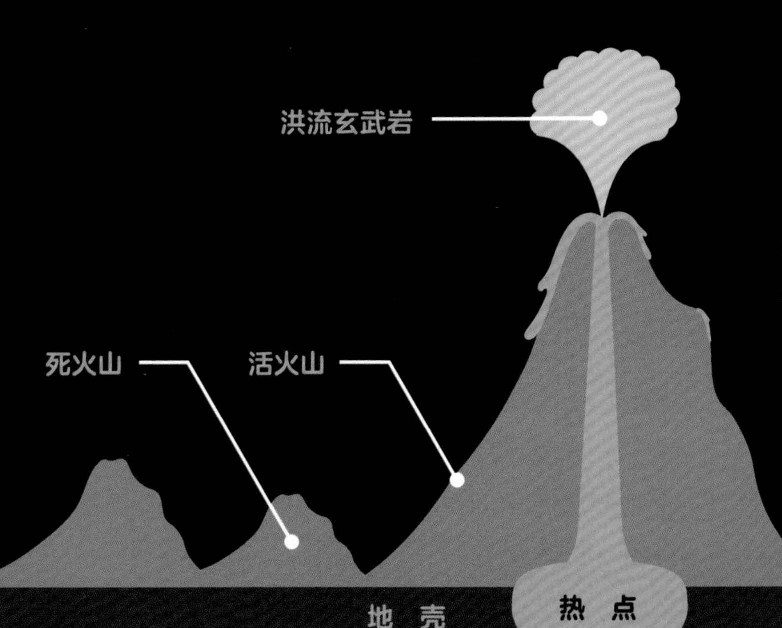

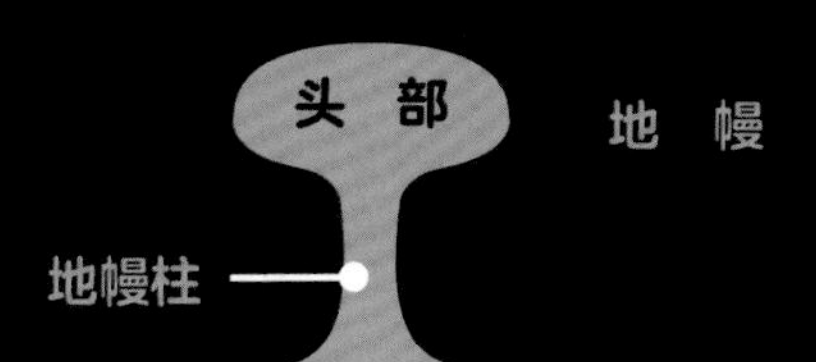

最恐怖的大灭绝

二叠纪末期，地球似乎比以往暴躁多了，它毫不手软地发动第三次生物大灭绝，亲手将超级火山从体内释放出来，让烈火、高温吞噬生物。生物无所遁形，在化石中留下了它们最后的模样……

在很短的时间内，第三次生物大灭绝导致当时 95% 的海生生物和 75% 的陆生生物灭绝。无数生物没能顺利躲过这场大灭绝，整个生物世界几乎都被毁灭了。毫无疑问，这是迄今为止地球史上最严重的灾难！

西伯利亚暗色岩

西伯利亚的超级火山喷出来的熔岩覆盖了约 700 万平方千米的土地，层层叠叠的巨厚岩层今天依旧清晰可见。

三叠纪，龙族崛起

最恐怖的大灭绝结束了，二叠纪也结束了。好在地球没有将生物赶尽杀绝，它拖着一群“伤兵残将”，迈入了下一个时代——三叠纪。2.52亿年前，三叠纪冷冷清清地开场了，参加开场仪式的生物少得可怜。但这片崭新的世界给另一些物种提供了机会，比如恐龙。

沙漠绿洲的吃素怪

大灭绝留给三叠纪的，除了所剩无几的生物，还有些什么呢？当然是40℃以上的高温和广阔的沙漠！不过，沙漠之中还有零星的绿洲，这里长满了蕨类植物和常绿树。一群吃素怪正聚集在这片沙漠绿洲，它们伸长了脖子，努力够着树上的叶子，准备好好犒劳一下自己。

黑丘龙

小脑袋、大身躯、长尾巴、健壮的四肢……身长可达10～12米的黑丘龙进化出庞大的身躯，科学家推测可能是用来抵御天敌的。

皮萨诺龙

皮萨诺龙十分小巧，体长仅1米，灵活的双腿擅长快速奔跑。不过，你很难发现它的踪迹，因为它喜欢躲在低矮的灌木丛中，享用可口的蕨类植物。

板　龙

这只恐龙体长6～8米，足足有一辆小型公交车那么大。为了填饱自己的肚子，它不得不像一台“植物粉碎机”一样，伸长脖子，疯狂地扫荡树叶。

上天下海

三叠纪晚期，恐龙们正忙着在黄沙之中飞奔，斗个你死我活，争当泛大陆的最强王者。除了恐龙，龙族的其他成员在忙些什么？“飞行家”翼龙一飞冲天，成了主宰天空的霸主。“海洋杀手”幻龙潜入海洋，占据了海洋的统治地位。

秀尼鱼龙在海洋里遨游。

史前杀手

三叠纪真是个危机四伏的时代。许多杀手潜伏在暗处，饥肠辘辘地等待着一顿美餐。可怜的吃素怪必须十分小心，因为不知道什么时候它就被盯上了。即使它以为自己已经虎口脱险，也得提防另一只怪兽突然杀出来。

始盗龙

这种恐龙看起来杀伤力并不强，毕竟它只有一只狗那么大，但“龙不可貌相”，它不仅荤素通吃，而且霸王龙见了它都得叫一声“曾曾祖父”。

埃雷拉龙

虽然埃雷拉龙看起来和一匹马差不多大，但你绝对不会想要骑它，因为它是三叠纪最恐怖的杀手之一。

超级大陆

三叠纪之初，泛大陆是一块酷似字母C的超级大陆，这里有着广阔的沙漠。

腔骨龙

脑袋向前伸长，尾巴向后伸直，“短跑能手”腔骨龙成群结队，向前冲刺，追捕猎物，像极了疾驰的野狼。

蓓天翼龙

这位飞行家的身体十分轻盈，双翼像纸张一样轻薄，体重大约只有100克，这一切让它迅捷得就像一架空中战斗机。

真双型齿翼龙

在海洋上空，一只真双型齿翼龙拍动着翅膀，四处搜寻猎物，水中的鱼儿和空中飞行的昆虫都难逃它的法眼。

幻　龙

幻龙是海洋里的顶级掠食者，一旦它张开长满钉状尖牙的巨嘴，鱼类必然凶多吉少。如果逮不到鱼，它也会用蹼去海底的泥沙里挖些蠕虫吃。

杯椎鱼龙

深水区是杯椎鱼龙的天下。瞧瞧它满嘴的尖牙利齿，想必是个狠角色。不过，它倒不常主动出击，而是耐心地等待送上门来的猎物。

第四次生物大灭绝

如果要评选地球上“最悲惨的时代”，三叠纪绝对高居榜首。那么，它究竟有多么悲惨？一开场，它面临的就是第三次生物大灭绝后的满目疮痍；中途，它又遇上了一段“万年雨季”，暴雨陆陆续续下了很久；到了结尾，它又迎来一场天崩地裂的火山喷发，并在第四次生物大灭绝中走向终结。

卡尼期洪积事件

三叠纪时，泛大陆一度被叫作“红色地球”，广阔的内陆干旱缺水，整个陆地看起来是红红的一片。既然水少得可怜，那就天降暴雨，给泛大陆好好补补水吧！大约 2.3 亿年前，从天而降的雨水打破了三叠纪长久的干旱，但暴雨长年不绝地下了很久，雨水变成洪水，裹着泥沙冲入海洋。海洋生物哪经得起如此折腾，只得纷纷走向灭绝。这场漫长的暴雨便是著名的“卡尼期洪积事件”，而它，只是大灭绝的前兆。

76%

三叠纪末期的生物大灭绝导致当时76%的生物灭绝，其中损失最惨重的当属假鳄类。惨遭浩劫后，它们不得不将王者之位让给恐龙。

撕蛙鳄

波斯特鳄

波斯特鳄出没，请小心！

灭绝大满贯

5100 万年间，三叠纪都沉浸在大灭绝的阴影里，它在一场大灭绝后冷清开场，又因为一场大灭绝走向终结，可以说是“灭绝大满贯”了。

“鳄”“龙”争霸

三叠纪中期，汹涌的洪水搅乱了一切，许多生物因此丧命，但一群假鳄类（现代鳄鱼的远亲）却如鱼得水，它们在洪水中活得滋润极了。感谢这场大雨，替它们扫除了障碍，将它们送上了三叠纪的王者之位。那恐龙呢？恐龙不是也崛起了吗？它们甘心一直做“老二”？它们倒是也觊觎这王者之位，可惜能力不足，如果此时与假鳄类决一死战，无疑是羊入虎口，乖乖成为别人的美餐。

看来，如果没有三叠纪大灭绝，地球迎来的，或许就是一个鳄鱼时代。但地球的心思哪有那么容易被猜到？它轻轻按了一下重启键，大灭绝便席卷而来……

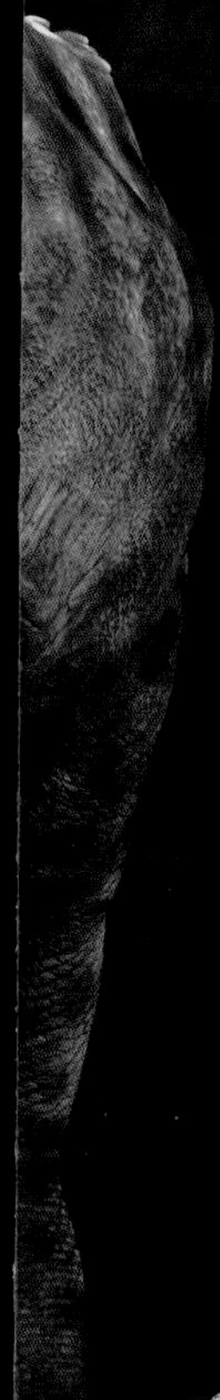

迅猛鳄

小心，超级火山！

一场暴雨开启了假鳄类的统治，但一场火山喷发又很快终结了这一切。三叠纪末期，一颗巨型陨星飞速撞向地球，猛烈的撞击导致了大面积的火山喷发。这一切可能就是此次大灭绝的罪魁祸首。

火山喷出大量的热气将地球迅速加热成一颗“火球”。在“火球”的炙烤下，海洋里的海水不停蒸发，海平面持续下降，海水中的氧气也越来越少，这无疑给海洋生物带来了灭顶之灾。此时的陆地呢？熔岩肆意漫流，如同一片流动的火海，汹涌的野火燃遍全球，所到之处一片狼藉：生物们在高温中苟延残喘，在挣扎中纷纷死去……

下一个时代，恐龙时代！

躲过卡尼期暴雨，逃过生物大灭绝，一些恐龙扛住了一次次水与火的考验，最终成功过关。接下来，恐龙将成为新时代的王者，迎接属于它们的最美好时代——恐龙时代。

链　鳄

侏罗纪公园

经过大灭绝的一番血洗，时间很快便来到了 2.01 亿年前的侏罗纪，“红色海洋”摇身一变，成了湖泊、森林、湿地，以及长满蕨类植物的大片平原。如果将侏罗纪时期的地球改造成一座非比寻常的公园，恐龙将是这座公园里的主角：几十吨重的恐龙行走在陆地上，大地都为之震动；披上“盔甲”的恐龙看似威武，却是友好的吃素怪；凶猛的捕猎者张开巨嘴，堪称奔跑的猎杀机器……

异特龙

穿过森林时，一定要小心异特龙，它出没的地方往往都有血腥的打斗，这位“侏罗纪晚期之王”几乎所向无敌！

美颌龙

别看它个头小巧玲珑，生性却极不友善，脖子细长而灵活，一双利爪是它的捕猎利器。

冰嵴龙

和好兄弟双嵴龙一样，冰嵴龙也有一个奇特的头冠，它生活在寒冷的南极。

双嵴龙

头上长有一对头冠，尾巴长而有力……顶级掠食者双嵴龙张牙舞爪，连石缝里的小蜥蜴也不会放过。

蛮　龙

如果看到一只蛮龙，请一定与它保持距离，它的咬合力惊人，是侏罗纪最凶猛的肉食性恐龙之一。

角鼻龙

虽然没有异特龙高大威猛，但角鼻龙制胜的秘诀在于快，它出击迅速，猎物几乎没有还手之力。

植食性恐龙

沱江龙

15对尖尖的骨板排列在这种中国剑龙的背上。和其他剑龙类一样，它喜欢吃蕨类植物。

马门溪龙

它是地球上的“长脖子之王”，一条脖子长达10多米，长颈鹿如果来到它面前，就好像侏儒一样。

剑　龙

这是一位背着“利剑”的剑客，它的背上竖着两排骨板，尾巴末端有4根尖刺。遇上它，捕食者几乎无从下口。

华阳龙

它是剑龙家族的“太爷爷”，和后代不一样的是，它的嘴巴前端还长有牙齿。

雷　龙

“轰，轰，轰……”一阵巨响犹如雷鸣。重达30吨的雷龙如果在丛林里漫步，走起路来一定震天动地。

钉状龙

这是一只刺猬还是一只豪猪？都不是，它是钉状龙，两排又长又尖的利刺是它的防身武器。

鲸　龙

鲸龙体形庞大，差不多有4头大象那么大，它们喜欢成群地生活在水边。

白垩纪，霸王龙的天下

1.45 亿年前，安宁的侏罗纪悄然结束，将下一棒交到白垩纪手中。恐龙真是群争气的家伙，它们并没有在白垩纪走下坡路，反而走上了巅峰：霸王龙凶残恐怖，角龙头上顶着“插着利剑的盾牌”，甲龙身披坚硬的“铠甲”，似鸡龙跑得飞快……在众多竞争者中，霸王龙杀出重围，成为地球历史上的顶级掠食者之一。

最强大的杀手

在白垩纪的大地上，一群植食性恐龙正在河边悠然地享用食物：“坦克兵”甲龙啃着低矮的蕨类，埃德蒙顿龙吃着五颜六色的鲜花（是的，鲜花已经盛开在气候适宜的白垩纪中期），脑袋上长着大角的三角龙也在寻找自己的午餐，这里一派祥和……突然，灌木丛中发出“沙沙”的声响，一只超级大怪兽蹿了出来，它就是白垩纪最凶猛、最恐怖、最残暴的掠食者——霸王龙。眼前的猎物令它十分满意，它准备大开杀戒，填饱咕咕叫的肚子。其他恐龙纷纷四处逃窜，希望能躲避这场灾难。

巨 牙

霸王龙嘴里长着大约60颗巨牙，每颗牙齿和香蕉一样大，而且牙齿的边缘是锯齿状的，可以轻松刺穿猎物的皮肤。和鲨鱼一样，霸王龙的牙齿掉了还会再长出来。

尾 巴

霸王龙的尾巴并不算太长，奋力奔跑时，霸王龙会将尾巴向后挺直，以保持身体平衡。

粗后肢

瞧瞧这粗壮的后肢，还有健壮的肌肉，一看就是优秀运动员的体格。不过，霸王龙身子庞大，跑起来并不快。

超强咬合力

霸王龙是史上咬合力最强的动物之一，头骨和下颌骨可以张得巨大，捕获大型猎物和死死咬住挣扎的猎物都难不倒它。

大胃王

猜猜霸王龙的肚子里装着什么？可能是各种体形比它小的恐龙，比如三角龙、埃德蒙顿龙等。它张开血盆大口，一口能吞下230千克肉，相当于一口吞下一匹袖珍马。

小前肢

有力的后肢和巨大的脑袋承包了狩猎的大量工作，霸王龙不需要太过强壮的前肢。不过，只有两根指头的前肢也会抓住猎物，尽量不让它们挣脱。

霸王龙

体　长：10 ~ 14 米
体　重：6 ~ 8 吨
奔跑速度：20 ~ 40 千米 / 时
牙齿数量：约 60 颗
食　物：能抓到的所有猎物
生活年代：白垩纪晚期

第五次生物大灭绝

6 600 万年前的一天，像往常一样，为了填饱肚子，霸王龙正在四处搜捕猎物。突然，一颗巨大的火球划过天空，径直撞向地球。这是霸王龙从未见过的一幕，它对着天空一顿咆哮。接下来，“砰”的一声，火球坠落在附近的大海里，撞击产生的冲击波摧毁了周围的一切，掀起的巨浪也迅速淹没低地……

地球被巨大的撞击彻底激怒了，它咆哮着，掀起了一场场火山喷发、地震和海啸。扬起的灰尘涌入高层大气，天空迅速暗淡下来。

天外来客

刚才的一幕，究竟发生了什么？原来，一颗直径大约 10 千米的陨星向地球飞奔而来，以 20 千米 / 秒的速度，落入了墨西哥的尤卡坦半岛。

这位不速之客如同一颗燃烧弹撞击地球，威力不亚于 10 亿颗原子弹同时爆炸。一瞬间，空气被压缩，温度飙升到几万摄氏度，四周发出一阵刺眼的光芒，撞击点的物质粉碎四散，只留下了一个直径大约 180 千米的陨星坑——希克苏鲁伯陨星坑。

霸王龙可能永远不知道，这样平常的一天，却是无比恐怖的“恐龙末日”的开始。

1980 年，科学家提出，这一次生物大灭绝是由小行星撞击地球造成的。

末日诅咒

慌乱之中，恐龙们四处逃窜，但一切已经迟了！它们哪里知道，等待它们的，将是地球的下一个“末日诅咒”。

小行星像炮弹一样冲向陆地，撞击的威力瞬间摧毁了周围的一切，方圆数百千米内发生巨大的火灾，来不及逃脱的生物们只能葬身于火海之中。接下来，地球陷入了长久的黑暗，灰尘和浓烟涌入高层大气，遮天蔽日，时间长达 10 余年。没有了阳光，植物们无法生长；没有了植物，植食性动物在饥饿中死去；没有了猎物，肉食性动物们也撑不住了……食物链就这样崩溃了，身形巨大的恐龙更是首当其冲！

再见，恐龙！

虽然第五次生物大灭绝的惨烈程度远不如二叠纪大灭绝，但它却是最著名、最为大众熟知的一次大灭绝，因为它还有另一个名字——恐龙大灭绝。这一次，三角龙、霸王龙、甲龙、肿头龙……各种恐龙无一幸免，称霸地球1亿多年的恐龙退出历史舞台，恐龙时代就这样画上了句号。

不过，如果你一定要再看恐龙一眼，那就抬头看看天上的鸟儿吧！据科学家推测，恐龙是鸟类的祖先，因此你也可以认为，恐龙并没有完全灭绝，只不过它们中的一些长出羽毛，进化到了现代。

75%

白垩纪末，大灭绝再一次光临地球，这是地球上的第五次，也是迄今为止最后一次生物大灭绝。经过这场浩劫，当时地球上大约75%的物种都消失了。

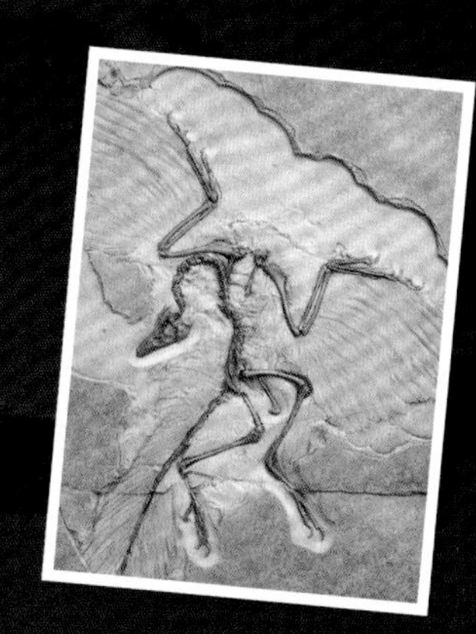

始祖鸟

1861年，在德国索伦霍芬石灰岩中，科学家发现了第一块始祖鸟的化石。始祖鸟有着和恐龙一样长满牙齿的嘴巴、锋利的爪子和长长的尾巴，但它全身长满羽毛。过去人们认为它是恐龙和鸟类之间“失落的一环”，但最新研究表明，它只是恐龙向鸟类演化中不成功的一支。

古近纪，原始兽乐园

恐龙灭绝后，谁将成为下一任霸主？不用着急，地球已暗中选好了继承者。早在恐龙时代，哺乳动物已经登场，但它们只能偷偷摸摸地藏在洞穴里，或者栖息在树上，畏畏缩缩地活在恐龙的阴影之下。恐龙消失后，地球迈入古近纪，稀树草原和热带森林里冒出一座座原始兽乐园，哺乳动物终于熬出了头……

❶ 羽齿兽

这只小怪兽是一位“咀嚼大王”，锐利的长门牙负责咬断各种树叶，发达的臼齿负责嚼碎一切。

❷ 古中兽

这是一只萌萌的浣熊？那个时代怎么可能有浣熊！它是身体灵活的古中兽，前肢擅长挖掘，后肢擅长爬树。

❸ 冠齿兽

这个像河马一样的巨兽喜欢生活在沼泽中，它庞大的身体重达500千克，脑部却只有90克，看来是个四肢发达、头脑简单的家伙。

❹ 更　猴

蓬松的尾巴竖起来，看起来有点像松鼠，但它是已知最古老的似灵长目动物之一，大多时间生活在树上，但也擅长在陆地上奔跑。

❺ 戈氏鸟

这只素食巨鸟重约450千克，由于体形太大，它根本就飞不起来。不过，它的鸟喙特别尖锐，看起来极具威慑力。

❻ 尤因它兽

头上长着6个骨质角，嘴巴里露出2颗大獠牙，这位“六角獠牙怪”长相怪异极了！

❼ 始祖马

这头四肢细瘦、身材矮小的古兽和狐狸差不多大小，但它的确是高头大马的祖先。

❽ 巨　犀

过去，高处的树叶属于长脖子恐龙，但在原始兽乐园里，它们属于身高7米多、体重20余吨的巨犀。

❾ 埃及重脚兽

奔跑的埃及重脚兽仿佛一座滚动的肉山，它最引人注目的是从鼻端伸出的一对像尖刀一样的巨角，或许求偶和搏斗时能派上用场。

❿ 阿喀琉斯基猴

这个灵长目动物有着尖尖的脸、大大的眼，看起来很像现在的狐猴。

⓫ 鬣齿兽

鬣齿兽家族兴旺，种类繁多。有些成员是凶猛的猎食者，有些成员只爱吃腐肉。

新近纪，巨兽变身

2 303 万年前，新近纪接替了古近纪，哺乳动物依然称霸全球，但原始兽乐园早已变了模样："六角獠牙怪"尤因它兽没有留下后裔，永远消失了；始祖马不再是瘦削的"小狐狸"，而是演化为高头大马；海洋里热闹极了，鲸和海豚四处游荡，但它们不得不提防着"超级巨鲨"；而在东非草原上，一部分灵长类开始直立行走，人类的祖先出现了……

草原上的"长腿怪"

如果带着一张世界地图重返新近纪，你会有一种前所未有的熟悉感：各大洲、各大洋陆陆续续抵达了现今的位置，青藏高原出现了，阿尔卑斯山脉形成了，落基山脉已成为"北美屋脊"……在一众高山的阻隔下，湿润的空气无法自由穿行，许多地方的气候变得寒冷干燥，随之而来的是茂密的森林越来越少，稀树草原越来越多……

为了适应新出现的稀树草原，哺乳动物纷纷变身"长腿怪"，在开阔的草原上快速奔跑。其中，擅长奔跑和啃草的马、鹿、牛等脱颖而出，"大胃王"大象则晋升为最大的陆地动物。

进军海洋

哺乳动物虽然已经变身为"陆地霸主"，但海洋还轮不到它们做主。不过，它们也从来没有放弃过进军海洋。大约在5 000 万年前的古近纪，巴基鲸，也就是鲸的四足祖先，尝试着一步步走向海洋。最终，它们完全摆脱对陆地的依赖，变成了真正的海洋动物。

到了新近纪，鲸类家族越来越庞大，连海豚也加入其中，但这一切都无法让它们跻身海洋第一家族，毕竟茫茫大海里还有一个更加凶猛的族群——鲨鱼家族。

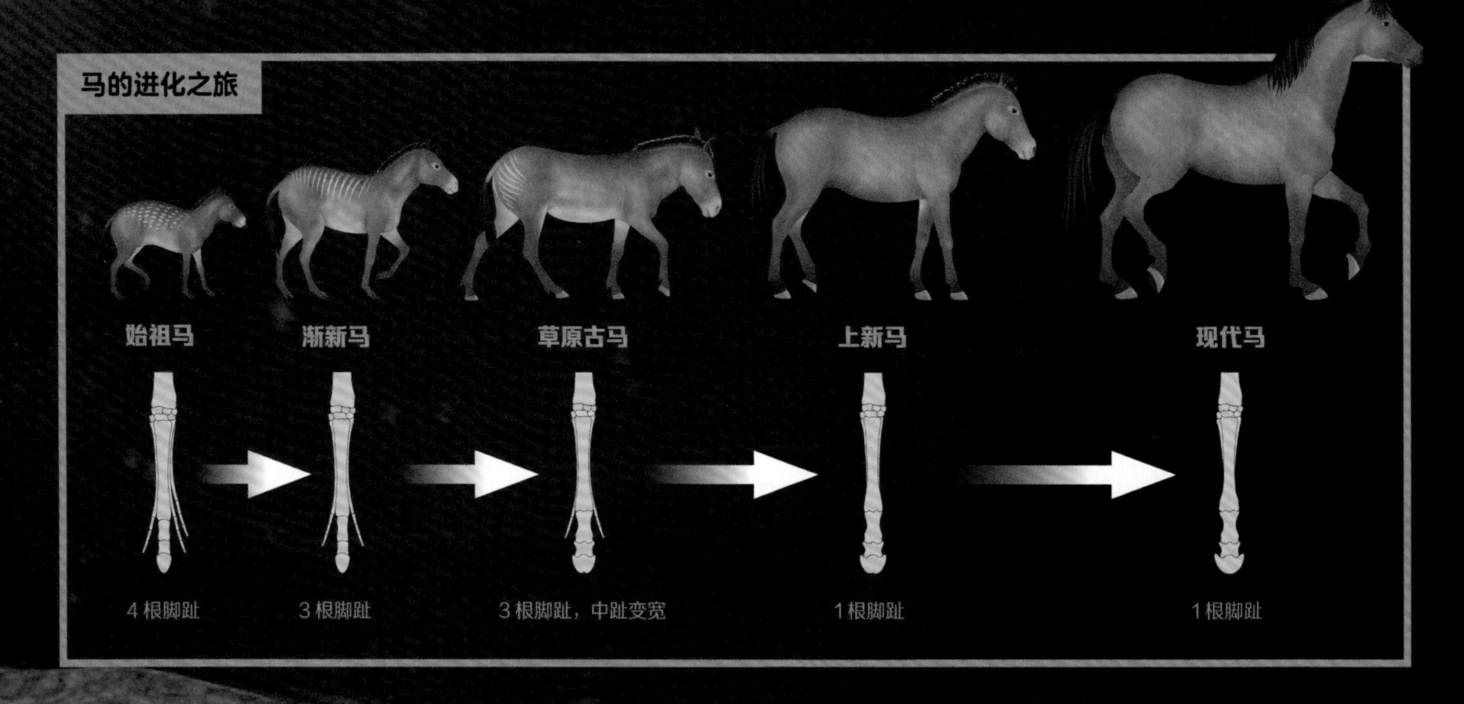

史上第一嘴

巨齿鲨的巨口直径超过2米，足以让一个人站在里面！尖牙长达20厘米，和一个成年人的手掌差不多大。

鲸鲨大战

大约1 000万年前的一天，一群始须鲸正在一片宽阔的海域，悠闲地享受着海洋时光。突然，它们的下方蹿出一个黑影怪物，它张着尖牙巨嘴，径直扑了过来。鲸群四散奔逃，乱作一团。此时，黑影怪物的巨嘴死死钳住一头始须鲸，血立马染红了海洋……

始须鲸们这才缓过神来，它们遭遇了史上最大鲨鱼——巨齿鲨的偷袭！这个“超级巨鲨”实在令它们胆寒，它比现在的大白鲨还要大10倍！最可怕的是它的尖牙利嘴，堪称“史上第一嘴”，即使是皮糙肉厚的鲸类，也经不住它的一顿撕咬。

鲸的演化之路

鲸的四足祖先一步一步向海洋进发，完成了从陆栖、水陆两栖到完全水栖的演化之路。

露西少女

350万年前，一个身高仅1.1米，体重约29千克，外形很像黑猩猩的雌性古猿在非洲东部地区生活着，她脑容量不算大，但已经可以直立行走。距她死后350万年的今天，她的后代——一支考古队来到非洲东部地区搜索原始人类遗迹的时候发现了她的遗骸。经过3周的挖掘搜寻，考古队发现了她的一些脊椎骨、一部分骨盆、一些肋骨以及颌骨的碎片。考古队成员想给她起个名字，这时营地的磁带录音机里传来了披头士乐队的一首歌曲《露西在缀满钻石的天空》……这就是人类最早的祖先——露西的故事。

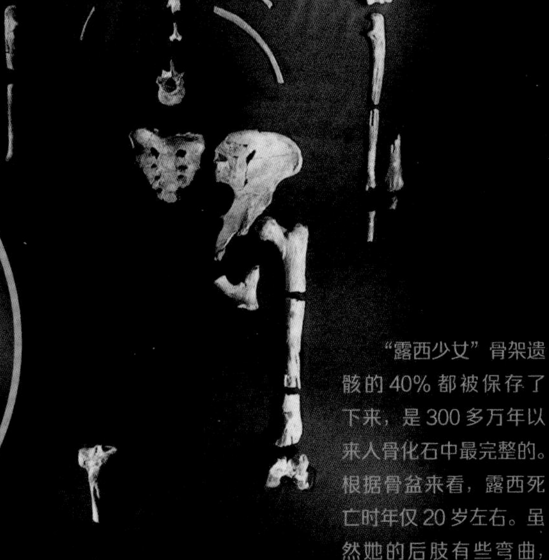

“露西少女”骨架遗骸的40%都被保存了下来，是300多万年以来人骨化石中最完整的。根据骨盆来看，露西死亡时年仅20岁左右。虽然她的后肢有些弯曲，但她已经可以直立行走。

第四纪，人类时代

258 万年前，第四纪终于到来，地球却启动了忽冷忽热的模式：它一会儿是寒冷的冰期，一会儿又变成气候回暖、冰川退缩的间冰期。冰期、间冰期、冰期、间冰期……地球反反复复折腾了十几次。最终，许多哺乳动物灭绝了，顽强的灵长目却一路进化，习得一身新本领。从此，地球开启了辉煌的“人类时代”。

艺术大爆炸

野蛮？茹毛饮血？衣不蔽体？直立行走的猴子？从猿到人，灵长目一直是“善变”的物种。如果重返几万年前，潜入某个透着光的洞窟，你会看到一群热爱艺术的原始人，正借着火光，趴在岩壁上，精心绘制着奔跑的野牛、野马、狮子……

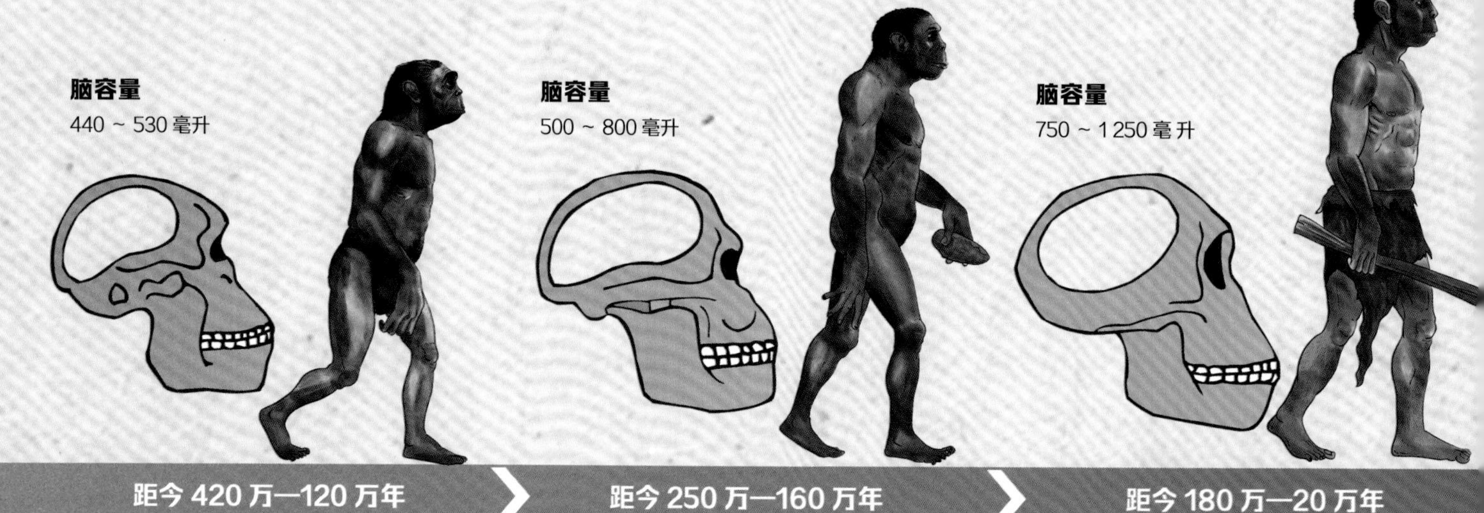

南方古猿

在遥远的非洲南部，“人类之母”露西后肢微微有些弯曲，但已经开始直立行走。她的一双“原始手”捡起掉落的树枝，用这个“天然利器”去采集野果。如果遇到野兽尸体，她就能给自己和族人加个餐了。

能　人

能人是一群能干、手巧的人。在能人化石旁，考古学家总能发现各种屠宰工具：薄薄的石片可以割破兽皮，带刃的石斧可以砍砸肉块，坚固的石锤可以敲碎硬骨。聪明的能人不仅擅长捕猎、制作石器，还会给自己搭建简单的窝棚。

直立人

当一群直立人出动时，他们手执石器，奋力奔跑，大型动物是他们的终极猎物。大约50万年前，直立人部落燃起了火，这是人类进化最关键的一步。火不仅可以用来狩猎、驱赶猛兽、带来温暖，还让直立人第一次尝到了烤熟的食物……

肖韦洞窟壁画

3.2 万年前，在法国的肖韦岩洞里，原始人把赭石和木炭当作画笔，在岩壁上刻画捕猎的画面：有齐头并进的狮子，有奔跑的野牛，也有打猎归来的人类……

拉斯科洞窟壁画

2 万年前，在法国的拉斯科岩洞里，原始人正忙着装饰一座“野牛大厅”：岩壁上画满了色彩鲜艳的野马、驯鹿和野牛，仅厅顶就画有 65 头大型动物，此外，岩壁上已经出现一些几何图形和记号。

阿尔塔米拉洞窟壁画

1 万多年前，在西班牙的阿尔塔米拉洞窟里，闲暇之余，一群原始人决定将野兽的形象记录下来。在彩色画笔下，野兽们有的躺卧休息，有的撒欢奔跑，有的追逐角斗……

脑容量

平均 1 350 毫升

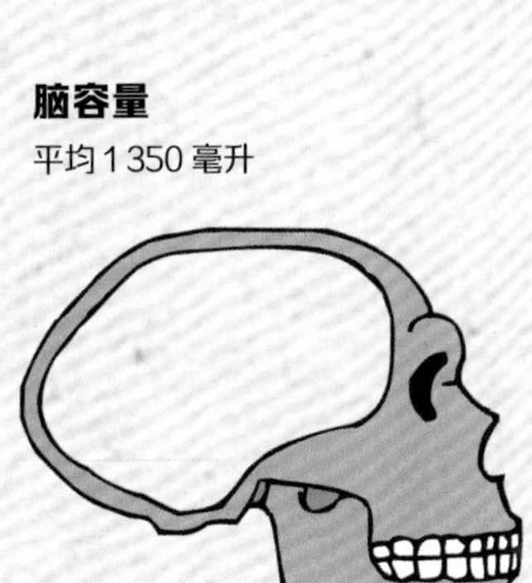

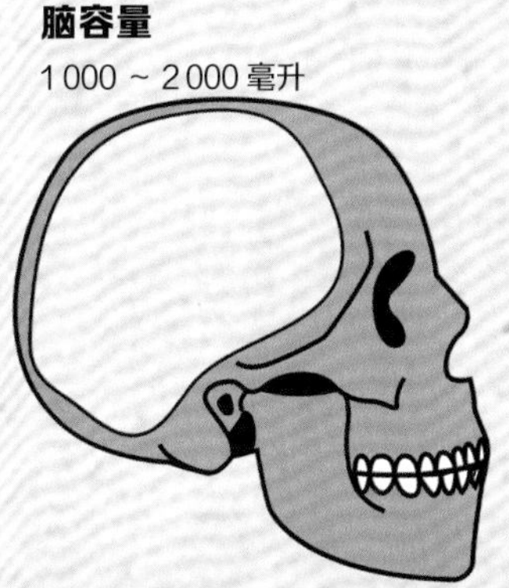

脑容量

1 000 ~ 2 000 毫升

距今 30 万—4 万年

距今 4 万—1 万年

早期智人

早期智人的脑容量已经接近现代人的水平。他们四肢粗壮，能够制造并使用比较复杂的工具，猎捕巨大的野兽，并且掌握了剥掉野兽皮毛的技能。直立人的火种来自天然火，如雷击起火；而早期智人已经学会了自己生火，如钻木取火。

晚期智人

比起前辈们，晚期智人更加聪明，他们的生活也更加丰富多彩。在他们的帐篷里，到处是各种复杂的石器、骨器、兽角，还有制作精良的装饰品，连衣服也被精心缝制。而在洞窟的岩壁上，他们用原始的“笔”，留下了自己的艺术作品。

人类制造火箭，飞向太空，希望征服星辰大海。

地球的终极命运

露西的后代用了几百万年，努力走出非洲，在世界各地建立文明。他们建立国家和城市，发明文字，冶炼金铁，制车船造火箭……前进的脚步永不停歇。不过，地球不会永远维持现状，正如炽热的冥古宙也只持续了 6 亿年。

气候灾难

虽然我们不确定，第六次生物大灭绝是否将要到来，但毋庸置疑的是，人类已经对地球造成了巨大的威胁。由于人类活动，生物灭绝已经发生，并将在未来一段时间内持续下去。如果这一切无法遏制，整个地球的气候环境也将不可避免地遭受牵连。到那时，地球的大气层不再保护地球，二氧化碳等温室气体浓度越来越高，地球气温急剧升高，整个地球会变得十分闷热。这虽然并不能彻底摧毁地球，却足以毁灭地球上的许多生物。

天外来客

实际上，我们的世界总是充满意外，也相当脆弱，许多潜在的危险都会给地球带来翻天覆地的灾难。在未来数亿年的时间里，不受欢迎的“天外来客”随时可能会造访地球，就像导致恐龙灭绝那次一样。无论是直径 5 ~ 10 千米的彗星撞击地球，还是 100 光年内的超新星爆发所产生的辐射，都可能造成地球生物的大规模灭绝。

每天有超过 100 吨星际物质坠入地球，每 1 万年会有 1 颗直径超过 100 米的小行星撞上地球，大约需要几万年才会有 1 颗直径超过 1 000 米的小行星撞向地球。

20亿年之后

月球离地球越来越远，远到无法再协助稳定地球的自转轴，地球的自转轴有可能翻转。

30亿年之后

由于银河系与仙女星系碰撞，地球上看到的星空很可能发生很大的变化。

40亿年之后

地球表面就像一个高温烤炉，过高的温度将会使几乎所有的生物灭绝。

50亿年之后

太阳核心的氢燃料消耗殆尽，太阳演化为一颗红巨

百变地球

气候灾难、火山喷发、小行星撞地球……这一切给生物带来了灭顶之灾，却不一定能毁灭地球，毕竟五次生物大灭绝过后，地球依旧安然无恙。

未来，地球还将发生什么变化？地球上的大陆一直在移动，未来亦是如此，直至这颗星球的核心彻底冷却。随着板块不断漂移，数亿年后，地球上可能形成新的超大陆。板块分分合合之后，由于地球内部持续冷却，地质活动会逐渐停止，板块的构造很可能消失，地球的磁场也会衰减。与此同时，每隔约 11 亿年，太阳的亮度增加 10%，太阳的温度会越来越高，大量海水被蒸发，太阳风还将导致地球大气层的物质加速流失……

被太阳吞噬

如果地球足够幸运，寿命足够长，它的末日将不可避免地在大约 50 亿年后开始。那时，太阳的核燃料耗尽，它就会发生膨胀，变成一颗无比巨大的红巨星，附近的水星和金星首当其冲，率先被它吞没。随后，它的“魔掌”伸向地球，地球也将难逃被吞噬的厄运。即使地球侥幸免于被吞噬，它也会被烤成一个遍地焦土的碳球。太阳系没有了稳定的太阳，无论如何也难以容下任何生命。或许那时，人类早已飞出太阳系，在浩瀚的宇宙中找到了另一颗“地球”。

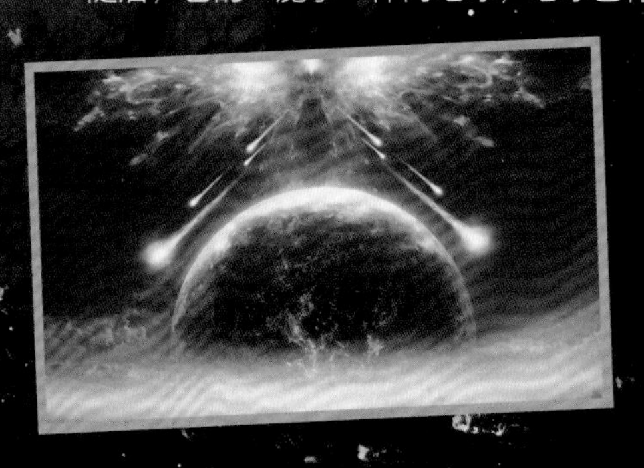

名词解释

奥陶纪：古生代的第二个纪，开始于约4.85亿年前，结束于约4.44亿年前。这一时期发生了生物演化史上的“奥陶纪大辐射”事件，海洋生物多样性快速增加。

白垩纪：中生代的最后一个纪，开始于约1.45亿年前，结束于约6 600万年前。被子植物开始繁盛，爬行类减少，末期非鸟恐龙灭绝。

第四纪：新生代的第三个纪，开始于约258万年前，持续至今。这一时期，全球气候出现明显的冰期与间冰期交替的模式。生物界面貌接近于现代，哺乳动物的属种进化明显，与现代人类有亲缘关系的早期人类（如北京猿人、尼安德特人等）的出现与进化成为本纪最重要的事件之一。

二叠纪：古生代的最后一个纪，开始于约2.99亿年前，结束于约2.52亿年前。这一时期，爬行动物呈现发展趋势，原始松柏类、苏铁类等耐旱裸子植物逐占优势。二叠纪末期发生了地球历史最大规模的生物大灭绝事件。

古近纪：新生代的第一个纪，开始于约6 600万年前，结束于约2 303万年前。这一时期，哺乳动物以古老类型为特征，迅速辐射，迎来了前所未有的大繁荣。

寒武纪：古生代的第一个纪，开始于约5.41亿年前，结束于约4.85亿年前。这一时期发生了生物演化史上“寒武纪大爆发”的重要事件，包括现生海洋生物几乎所有类群祖先在内的大量生物突然出现。

冥古宙：地质时期中最早的一个“宙”级地质年代单位，开始于约46亿年前，结束于约40亿年前。这一时期，地球从最初一个炽热的岩浆球（遍布火山喷发、熔岩沸腾）逐渐冷却固化。

泥盆纪：古生代的第四个纪，开始于约4.19亿年前，结束于约3.59亿年前。这一时期，脊椎动物飞跃发展，其中鱼类突出，如甲胄鱼、总鳍鱼类大量出现。

三叠纪：中生代的第一个纪，开始于约2.52亿年前，结束于约2.01亿年前。作为中生代的起始期，生物面貌焕然一新。裸子植物迅速发展，并在晚期成为陆地植物的主要统治者。巨大的爬行动物崛起，恐龙登上历史舞台。

石炭纪：古生代的第五个纪，开始于约3.59亿年前，结束于约2.99亿年前。这一时期，昆虫崛起，个体巨大。植物发展迅速，构成大规模的森林和沼泽，为煤炭的形成提供了有利条件。

太古宙：开始于约40亿年前，结束于约25亿年前。这一时期，由于经过多次地壳变动和岩浆活动，其所有岩石受到深度的变质，化石一般很难保存下来。

新近纪：新生代的第二个纪，开始于约2 303万年前，结束于约258万年前。这一时期，生物界总面貌与现代接近，哺乳动物有新的发展，一些古老类型灭绝，形体渐趋变大。

元古宙：开始于约25亿年前，结束于约5.41亿年前。这一时期，藻类和细菌开始繁盛，到晚期软躯体的无脊椎动物偶有发现。

志留纪：古生代的第三个纪，开始于约4.44亿年前，结束于约4.19亿年前。这一时期，原始植物开始从水中向陆地发展。

侏罗纪：中生代的第二个纪，开始于约2.01亿年前，结束于约1.45亿年前。这一时期，恐龙称霸全球，其种类和数量以及分布达到鼎盛期，故侏罗纪又称“恐龙时代”。

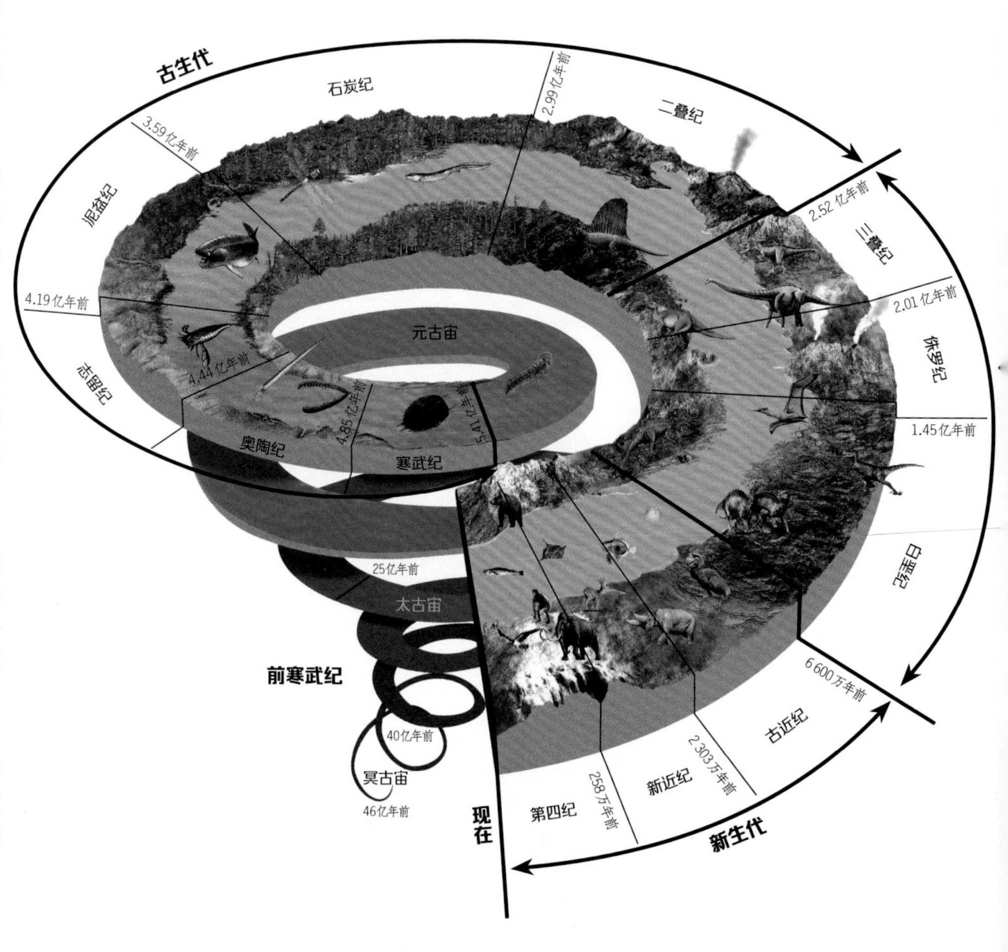

图书在版编目（CIP）数据

地球的故事 / 张帅著. — 上海：少年儿童出版社，2022.10
（中国少儿百科知识全书）
ISBN 978-7-5589-1507-9

Ⅰ. ①地… Ⅱ. ①张… Ⅲ. ①地球—少儿读物 Ⅳ. ①P183-49

中国版本图书馆CIP数据核字（2022）第194305号

中国少儿百科知识全书
地球的故事
张 帅 著
刘芳苇 魏嘉奇 装帧设计

责任编辑 沈 岩 策划编辑 王惠敏
责任校对 黄亚承 美术编辑 陈艳萍 技术编辑 许 辉

出版发行 上海少年儿童出版社有限公司
地址 上海市闵行区号景路159弄B座5-6层 邮编 201101
印刷 恒美印务（广州）有限公司
开本 889×1194 1/16 印张 3.5 字数 50千字
2022年10月第1版 2023年5月第2次印刷
ISBN 978-7-5589-1507-9 / Z · 0046
定价 35.00 元

图片来源 图虫创意、视觉中国、Getty Images、IC Photo、Wikimedia Commons、舒德干 等
审图号 GS（2022）3717、GS（2022）3896号